教育部人文社会科学研究青年基金资助项目成果
（项目编号：13YJC760094）

文震亨造物思想研究

——以《长物志》造园为例

谢华 著

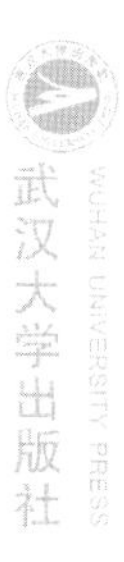

图书在版编目(CIP)数据

文震亨造物思想研究:以《长物志》造园为例/谢华著.—武汉:武汉大学出版社,2016.2
ISBN 978-7-307-17630-0

Ⅰ.文… Ⅱ.谢… Ⅲ.园林设计—研究—中国—明代
Ⅳ.TU986.2

中国版本图书馆 CIP 数据核字(2016)第 031980 号

责任编辑:王智梅　　责任校对:李孟潇　　版式设计:马　佳

出版发行:**武汉大学出版社**　(430072　武昌　珞珈山)
(电子邮件:cbs22@whu.edu.cn　网址:www.wdp.com.cn)
印刷:虎彩印艺股份有限公司
开本:720×1000　1/16　印张:14　字数:200 千字　插页:1
版次:2016 年 2 月第 1 版　　2016 年 2 月第 1 次印刷
ISBN 978-7-307-17630-0　　定价:30.00 元

目　　录

第一章　导　　论

第一节　《长物志》造物思想研究背景

随着世界经济一体化进程加快，各国之间打破民族、地域限制，全球政治、文化、科技更加深入、快速地传播、交流与融合。全球化是一个内容十分丰富的概念，本质上是一个内在充满矛盾的过程，它是一个矛盾的统一体，它包含有一体化的趋势，同时又包含分裂化的倾向；既有单一化，又有多样化；既是集中化，又是分散化；既是国际化，又是本土化①。顺应全球化发展趋势，跨越深层次的文化体系和传统界线，以西方现代建筑为主体的国外建筑理念及作品给中国当代园林建筑带来举足轻重的影响。一方面，在新技术、新审美观念的激荡下，建筑风格流派的产生更迭以一个前所未有的加速度展开，形成了后现代主义、解构主义、新理性主义、高技派和地域主义以及建构等诸多理论、思潮、流派和风格②。富有西方特色的文化符号和造型语言给中国现代园林建筑设计和造物艺术注入新鲜的活力，赋予当代设计新的语意诠释，体现了现代社会快节奏、高效率的时代精神，世界范围内跨越人文界限的“国际式”建筑风格盛行；另一方面，泛文化领域的后现代主义思潮一反传统文化的一元性、整体性和纵深性，倡导多元性、破碎性和

---

① 易涵：《建筑形式全球化的探讨》，载《建材世界》2009 年第 4 期。

② 邓庆、坦高峰、张涛：《走出风格流派误区，树立可持续发展观——当代西方建筑思潮的理性思考》，载《建筑设计与城市文化建设高峰论坛论文集》，2008 年。

平面性，彻底否定传统文化与艺术的美学追求和文化信念。在建筑美学上，相对于传统美学的整体协调与和谐统一，后现代美学强调的是无中心、不完整、偶发性、残缺、怪异和丑陋的不和谐美。在全球化背景下，我国园林设计师们也开始盲目地追随西方潮流，园林建筑设计概念呈现“趋同化”状态。独具特色的中国传统园林景观逐渐消逝，导致传统建筑风格的丧失和历史文化脉络的断裂。尤其从我国“中西建筑交融”以来，不同文化背景孕育出多种多样的园林设计风格，这无疑给我国具有几千年文明历史的造园思想带来了巨大的冲击。

从春秋战国直至明清时期，相继出现了一批总结我国传统造物艺术成就和设计理论的著作，有的是论述某个品类的功能、造型、装饰、材料、工艺及其设计原则，有的是发表作者对艺术设计的看法、见解。其中较具有代表性的是《考工记》、《园冶》、《格古要论》、《长物志》、《髹饰录》、《天工开物》、《闲情偶寄》等①。其中，明代学者文震亨在《长物志》中所阐述的造物思想和审美观念，对现代园林艺术设计既具有重要的理论意义，又有许多有益的启迪。《长物志》② 涵盖衣、食、住、行、用、游、赏各种生活文化，完美再现了晚明文人清居生活的物态环境，集中体现了那个时代士大夫的审美趣味，堪称晚明士大夫生活的百科全书，是研究晚明经济、文化、思想的重要历史资料。“自然古雅”、“无脂粉气”的审美标准贯穿始终，“古”、“雅”、“韵”成为全书频繁出现的字眼。诚如《长物志》沈春泽序文所言：“夫标榜林壑，品题酒茗，收藏位置图史、杯铛之属，于世为闲事，于身为长物，而品人者，于此观韵焉、才与情焉。”在物态环境与人格的对比中，通过品鉴长物来评价人，将士大夫的才情修养和物境融为一体，物境成

① 高丰：《我国古代几部重要的设计典籍》，载《美术观察》2004 年第 3 期。

② （明）文震亨著：《长物志图说》，山东画报出版社 2005 年版。《长物志》共有“室庐”、“花木”、“水石”、“禽鱼”、“书画”、“几榻”、“器具”、“衣饰”、“舟车”、“位置”、“蔬果”、“香茗”十二卷。

为文人格调品位的化身。以论述私家园林的规划设计艺术，叠山、理水、建筑、植物配置的技艺为主，《长物志》的内容也涉及一些园林美学的范畴，可谓是私家造园专著的代表作之一，也是古典园林自两宋发展到明末清初时期的理论总结。

古代民居建筑与自然山水林木实现完美融合，形成富于曲折变化、烟波浩渺、虚实幻境、诗情画意的美丽景园，这是中国古典园林建筑的一大特色。正如明代计成《园冶》① 所述“高方欲就亭台，低凹可开池沼”、“屋廊蜿蜒，楼阁崔巍”、“花间隐榭，水际安亭”，把中国古建筑与自然景观融为一体，达到“虽由人作，宛自天开”地步，这就是中国园林的独到之处。从先秦至明清，中国古代园林悠悠数千年的历史，历朝历代均有不俗成就。明代园林上承园林的成熟期——宋、元两代，下启园林发展的最后一个高潮——清代，毫无疑问明代园林是中国园林史中至关重要的一个环节。明初至中叶的近二百年中，由于中央集权和君主专制，实行八股文取士制度和大兴文字狱等高压政策，从而使明开国以后的一百多年中，思想文化领域比较沉寂，造园活动也基本处于停滞状态。中晚期后，随着商品经济的发展和市民阶层力量的增长，资本主义萌芽开始孕育并急剧地发展起来。特别是从嘉靖、万历到明代末年，资本主义萌芽发展迅速，思想文化活动活跃起来，都直接影响到明代中后期的造园活动。复苏的明代园林，起初带着诸多宋代园林的影子，表现出对宋代园林很强的继承性。尤其是在园林布局及审美意趣中，文人私家园林效仿宋代园林的痕迹非常明显。明朝中叶以后，文人画作风靡全国并成独霸画坛之势，达到了绘画、诗文和书法三者的高度融合。文人、画家更为广泛地直接参与造园实践，园林艺术的创作手法也发生了巨大转变，不再是以全景山水临摹的写实与写意相结合，而更倾向于以写意为主。园林意境的蕴藉更为深远，园林艺术比以往更密切地融合诗文、绘画趣味从而赋予园林本身以更浓郁的诗情画意。明末清初私家园林的主人大多属于

① （明）计成著，陈植注释：《园冶注释》，中国建筑工业出版社 1988 年版。

中国的文化精英，讲究文品与人品共同构建，他们以隐逸出世的情怀、清玩赏鉴的志趣构成了文人阶层完整的人格和精神支柱，他们在“游于艺”中净化人格，在“隐于艺”中涤荡性灵，享受人生。雅藏、雅赏、雅集突出反映了古代文人品玩赏鉴的生活方式，同时也积淀成一种蕴含审美情韵的文化模式。一方面是士流园林的全面文人化而促成文人园林的大发展；另一方面，商贾由于儒商合一、附庸风雅而效法士流园林，或者本人文化不高而聘请文人为他们筹划经营，势必在市民园林的基调上着以或多或少的文人化色彩①。充满书卷气的文人园林掩盖了市井园林的世俗性质，此类园林的大量营造，必然会成为一股社会力量而影响及于当时的民间造园艺术。

文化的本质就是传统，不同民族、地区的文化传统各不相同。地域性、民族性的传统文化在一定条件下可以转化为国际性文化，国际性文化也可以被吸收、融合为新的地域与民族文化②。风景园林作为地域文化的载体，应以特定的自然、人文及社会为现实背景，依托具体环境集中展现地域特色。作为我国悠久历史文化长卷中的一篇，中国传统园林建筑是一种由文人、画家、造园匠师们创造出来的自然山水式园林，崇尚天然之趣、追求古朴之美是我国造园艺术的基本特征。以大自然的山水植物为景观构图的主体，形式各异的各类建筑彰显园林主人的品位，形成一种审美情趣与自然物境水乳交融的境界，极富山水情调的园林艺术空间。

园林作为与当地社会、经济、文化密切相关的一种物质文化形态，是整个社会生活中重要的一个组成部分。随着全球性“文化趋同”现象日益严重，在园林建筑领域强调造园思想的传承性与创新性就显得尤为重要。要避免园林设计中特色消失、景观趋同的问题，现代中国园林设计必须在遵循传统文化及造园艺术的基本原

---

① 谢彩云：《中国古典文人园林艺术的产生与发展》，2008年（第十届）中国科协年会，2008年。

② 秦岩：《中国园林建筑设计传统理法与继承研究》，北京林业大学博士学位论文，2009年。

则下，注重民族地域特色和自然环境特征，创造出人们身心得以栖息的、具有文化与情感的园林场所。既要承袭传统中国园林的独特意蕴，又要努力营造和当代社会、经济、科技和文化相适应的现代中国园林，最终实现通过回归历史传统来重建文化连续性的目标，这也为当代园林设计提供一种新思路与方法。

第二节　本书的研究对象与概念界定

我国造园艺术具有悠久的历史，园林事业的蓬勃发展也孕育出不少造园学家，他们总结的造园技艺和经验对后世的园林设计产生了巨大影响。明代文震亨的著作《长物志》长期作为园林设计的典籍，被誉为中国造园专著。本书以明代末期的文人园林为研究对象，并结合《长物志》的造物美学思想，探讨晚明江南文人园林的造园风格和诠释手法。重点针对中国传统造园技艺的继承与发展，做出比较细致深入的研究。

中国古典园林作为一种文化载体，不仅真实地反映了中国历代不同社会背景、王朝君主的更替，更鲜明地折射出中国人自然观、人生观和世界观的演变，蕴含儒、佛、道等哲学或宗教思想及山水诗、画等传统艺术的影响。中国古典园林的主人多为士大夫知识分子，他们当中不少还是著名的文学家或书画家，无论是水景、山石景、建筑景、植物景营造，都饱含着浓厚的文学意境和诗情画意，无不流露出营造者高雅的气质与修养。借鉴文学、绘画等多种艺术表现形式，文人们在造园过程中融入其自身的价值观念和思维模式，从而形成中式园林温婉隽永的风格和浑然天成的气势。文人将其对自然风景的深刻理解和对人生哲理的感悟融入到造园艺术中，赋予园林以深刻的内涵和意蕴，进一步升华士流园林所具有的清新雅致格调，更附着上一层雅士风采，这便出现了借以寄托理想、陶冶性情、隐逸遁世的文人园林。

在世界文明史上，魏晋南北朝时期是古代园林演变为古典园林的转折点，这一时期出现了真正具有自然审美意趣的中国文人园林。“名士”，是当时士大夫知识分子中涌现出的一个特殊群体，他们冲破礼教的束缚，追求个性、崇尚隐逸和纵情山水。受到时代社会思潮的影响，文人、名士们所建造的古典园林成为当时园林建筑的主流。文人造园的手法从单纯写实过渡到写实和写意相结合，园林与山水诗、画交相辉映、和谐共生，掀开了后世文人园林的新篇章。进入隋唐盛世，中国园林也呈现出历史上空前繁荣的景象。一大批文人直接参与园林规划，积极推动园林兴盛、园林艺术的普及和提高。文人官僚开发园林、参与造园，通过这些实践活动而逐渐形成了比较全面的园林观——以泉石竹树养心，借诗酒琴书怡性，当时比较有代表性的如庐山草堂、浣花溪草堂、辋川别业等，比较有代表性的造园文人有白居易、柳宗元、王维等①。经过两宋、明中叶至清初的两个发展高潮，风景式园林体系的内容和形式已经完全定型，造园艺术和技术已经基本上达到了最高的水平。特别是晚明时期的江南地区，自由放逸、别出心裁的写意派独占鳌头，绘画、诗文和书法三者达到高度融合，文人、画家更为广泛地参与造园和园林艺术创作，中国文人园林已成为私家造园活动中的一股潮流，是促成江南园林艺术达到高峰境地的重要因素。清初，康熙帝钟情于江南园林风物之美，在畅春园的规划设计中，首次把江南园林民间造园技艺和文人趣味引入宫廷造园艺术，一改皇家园林雍容华贵的做派，而采用了雅意清新的园林设计，还出现了一些优秀的大型寺观园林作品，极具里程碑意义。中国文人园林对皇家园林和寺观园林也产生了深远影响，并随着改朝换代、政治经济形势的更迭变化而逐渐成为一种造园模式。

纵观中国古典文人园林的诞生与发展，文人园林经历数百年，甚至上千年的风雨锤炼，对过去和现代的园林艺术都有着重大意义。文人园林的风格多呈现出古朴雅致、浑然天成的特色，在咫尺之地收纳大千世界的美景，无论一树、一石、一草、一木，都经过造园者精心推敲，倾注文心诗意，从而达到景简意浓的艺术效果，反映人与自然的亲和感。中国古典文人园林中对于自然景观的设计，是一种独具文心匠意的诠释，体现了人与自然密切联系的设计

① 林珏：《中国文人园林的发展》，载《园林》2006年第1期。

理念。植根于中国传统文化土壤，中国古典文人园林旨在协调人与自然的关系，实现人与自然的和谐共处，对当今园林可持续发展理论和实践做出了巨大贡献。

我国传统艺术设计作品和设计理论著作中所阐述的设计思想和审美观念，为国内外环境艺术设计提供了十分珍贵的文献资料。针对中国古代造园技艺发展，国外学者尚缺乏深刻、全面的了解和认识，所以国外园林研究的深度、广度比起国内的研究水平还有相当的距离。

英国学者克鲁纳斯（Craig Clunas）于1991年发表论文《长物志：早期现代中国的物质文化与社会状况》（Superfluous Things：Material Culture and Social Status in Early Modern China）①，从物质文化角度研究了文震亨的《长物志》。明代社会生活在历史上处于一个大转折时期，商品经济的兴盛、市民阶层的涌现使得明代赏玩之风盛行，并由此带动物质文化呈现出繁荣的景象。奢侈消费风气的风靡动摇了传统士大夫的社会地位，他们不得不创造新的品位以重塑其与众不同的身份。通过分析晚明社会中流行的长物收藏行为和当时政治经济与意识形态之间的复杂关系，克鲁纳斯指出长物鉴赏之道不是盲目地附庸风雅，而在于潜心地休养生息。随后在1996年，克鲁纳斯（Craig Clunas）出版了《果实累累之地：中国明代的园林文化》（*Fruitful Sites：Garden Culture in Ming Dynasty China*）② 一书，承认园林具有审美的特点，但这种审美活动专属于特权和贵族阶层，园林中的文人雅集、诗酒酬唱是特权阶级用来彰显其地位和名望的一种规则。明代造园家在园林建筑构建元素上要求简洁大雅、崇雅反俗。一方面体现了明代的社会状况与发展程度，另一方面也体现了明代人们的生活品质与精神追求。随后，马修·波提格（Matthew Potteiger）和杰米·普灵（Jamie Purinton）

① Craig Clunas. Superfluous Things：Material Culture and Social Status in Early Modern China. Cambridge：Polity Press，1991：1.

② Craig Clunas. Fruitful Sites：Garden Culture in Ming Dynasty China. Durham，N. C.：Duke University Press，1996.

的《景观叙事：讲故事的设计实践》（*Landscape Narratives：Design Practices for Telling Stories*）① 合著探讨了在当代充分合理的运用叙事这种园林设计技法。景观和故事是分不开的，景观可以作为场景推进故事的发展，故事也可以赋予景观空间文化和历史意义。

进入21世纪，学者 Alison Hardie 在《中国明末园林设计及其与美学理论的联系》（Chinese Garden Design in the Later Ming Dynasty and Its Relation to Aesthetic Theory）② 一文中研究了明末时期中国园林设计的美学思想问题。17 世纪初期我国园林美学理论发生巨大变化，从而导致我国江南园林在景观设计艺术上的转变。肯尼斯·J. 哈蒙德的《明江南的城市园林——以王世贞的散文为视角》（Urban Gardens in the South of the Yangzi River During the Ming Dynasty——From the Perspective of Wang Shizhen's Prose）③ 一文指出，园林修建是文人为防止其精英身份边界消融而采取的必要手段。在某种程度上继承了 Craig Clunas 的观点，肯尼斯认为明代江南园林都以隐逸为主题，许多士人向往风雅、标榜风骨、恪守“士道”、坚持气节的同时，尤其耻与尘俗俯仰。文人的私家园林既是士人清居的退隐之所，也是角逐声望的展示对象，园林还是志同道合的士绅们的聚会之处。Jeff Dick 在《本质的融合：经典的苏州中式园林》（Blending with Nature：Classical Chinese Gardens in the Suzhou Style）④ 中指出文人园林最早可以追溯到明代，山水、植物、建筑等构建的景观呈现了自然世界的理想状态。通过游览经典的苏州园林，中美文人学者从文化历史视角领悟中国古典园林的内

① Matthew Potteiger, Jamie Purinton. Landscape Narratives：Design Practices for Telling Stories. Chichester ：John Wiley, 1998.

② Hardie, Alison：《Chinese Garden Design in the Later Ming Dynasty and its Relation to Aesthetic Theory》, University of Sussex, 2001.

③ 肯尼斯·J. 哈蒙德，聂春华：《Urban Gardens in the South of the Yangzi River During the Ming Dynasty——From the Perspective of Wang Shizhen's Prose》，载《Journal of Hengyang Normal University》2007 年。

④ Jeff Dick. Blending with Nature：Classical Chinese Gardens in the Suzhou Style. The Booklist, 2004：17.

在底蕴。

大量国内学者对《长物志》造物思想展开了研究。王永厚的《文震亨及其〈长物志〉评介》① 主要从介绍文震亨的生平事迹入手，对《长物志》在造园上的论述进行评介。张雪的《〈长物志〉中的艺术设计思想》② 主要侧重于分析《长物志》所阐释的审美观念和设计思路。崇尚自然，顺物自然，返璞归真的艺术设计思想贯穿始终，通过居室园林的经营位置体现出最为古朴典雅的造园风格。刘显波在《〈长物志〉中的明代家具陈设艺术》③ 一文以明代家具作为工艺美术界的一个研究热点。明代那些质尚明洁、不尚矫饰的家具艺术品，是在传统的纯艺术类型之外的一种更贴近明代生活的审美观察对象。对家具艺术的欣赏，同时也是对特定时空中生活形态的追怀和体验。何刚的《由〈长物志〉谈我国古代建筑设计思想》④ 特别关注到《长物志》卷一“室庐”《天之骄子·庐》篇中，文震亨较多地论述了我国古代建筑设计的一些理论原则和审美意趣，对继承和发扬中国传统建筑的精髓十分有益。

近几年来，对中国明代园林的关注开始呈现上升趋势。明初至中叶的近二百年中，由于政策高度专制，加之八股取士将文人引入歧途，造成明初整个思想界的僵化，虽也曾有过轰轰烈烈的文化论战，但总体来说经济因素刺激的科技、文艺成果相对较少。随着张居正改革，工商业和商品经济迅速发展，世俗文化的振兴和人民对美好生活的向往使得造园需求很大。通过研究特定历史时期的政治、经济、文化发展状况，一些学者集中探讨明代园林美学思想。

---

① 王永厚：《文震亨及其〈长物志〉评介》，载《中国园林》1992年第1期。

② 张雪：《〈长物志〉中的艺术设计思想》，载《中国科技》2008年第19期。

③ 刘显波：《〈长物志〉中的明代家具陈设艺术》，载《中华建设》2007年第9期。

④ 何刚：《由〈长物志〉谈我国古代建筑设计思想》，载《中州建设》2006年。

童赛玲的《明末清初江南园林的发展及其美学思想》① 主要研究明末清初时期江南园林的发展状况及其美学思想。明清之际江南园林不论在实践上还是在理论上都是我国古代造园史上的集大成之作，它复兴了元代以来一直衰退的园林艺术。适逢明末清初，江南园林在质与量两方面都达到前所未有的高潮。赵熙春的《明代园林研究》② 指出明代文学、绘画等领域都表现出复古倾向，园林日趋小型化，实现由"壶中天地"向"芥子须弥"的过渡。同时，由于私家造园活动繁荣，明代涌现出一批专业造园匠师，并产生大量造园专著。曹宁和胡海燕的《论明清江南园林之装饰艺术与时代人文思想》③ 将文人热衷园林归因于明清阴郁的政治环境。在文人的园子中，不论是独具匠心的空间装饰、独具特色的造型装饰，还是园林建筑设计的点滴细节，甚至是意表初衷的园名都体现着返璞归真的心境。研究和探讨明清园林的装饰手法和人文内涵为如今创造更高水平的园林大有裨益之处。夏咸淳的《小中翻奇的空间艺术——明代园林美学片论 》④ 认为中国园林是具有鲜明民族特色的空间艺术、造型艺术、构景艺术，其构造特点和艺术风格受到幅员、体量等多种因素的制约。明代后期江南小型化园林空前繁盛，反映出士林崇尚个性、追求自适的文化心理和审美取向。

具有江南水乡特色的文人园林堪称中国古典园林的经典佳作，不仅饱含中国传统文化的深厚底蕴，而且彰显出文朗雅致的风格和天然幽远的意境。一些学者特别对文人园林的意境营造展开研究，诸如戈静和祁嘉华的《文人园林的诗意之美》⑤、张劲农的《文人

① 童赛玲：《明末清初江南园林的发展及其美学思想》，载《新美术》1994 年第 4 期。

② 赵熙春：《明代园林研究》，天津大学硕士学位论文，2003 年。

③ 曹宁，胡海燕：《论明清江南园林之装饰艺术与时代人文思想》，载《西北大学学报（哲学社会科学版）》2007 年第 2 期。

④ 夏咸淳：《小中翻奇的空间艺术——明代园林美学片论》，载《文学理论研究》2009 年第 3 期。

⑤ 戈静，祁嘉华：《文人园林的诗意之美》，载《美与时代：下半月》，2009 年第 1 期。

园林与山水情怀》① 等，深刻剖析文人林的文化内涵。私家园林既是表现古代文人生命情韵和审美意趣的生活方式，又作为一种文化模式积淀在后代文人的内心深处。侯涛的《浅论江南文人园林布局与意境营造》② 试图将江南文人园林置于中国古典园林这个大系统中探究其形成思想、历史地位、社会背景、哲学内涵和文化关联，立足准确把握文人园林形成的文化诱因，继而从物质层面和空间层面分析其构成要素。以人的行为活动影响空间组织这一潜在规律出发，运用中国传统文化理论及其相关领域研究理论，从空间意义层次探讨园林布局方式及其对全园意境营造影响的关系。通过对文人园林布局的核心要素——理水方式划分，分析了集中式与分散式布局方式对空间意境营造的差异，进一步从平面、立面和空间上分析了不同主要景点建筑之间的关系。胡晓宇在《中国江南私家园林与英国自然风景式园林风格比较初探》③ 中，对中国明、清江南私家园林和英国 18 世纪自然风景式园林的造园风格进行初步比较研究，为新时期的中国园林设计风格提供一些理论方面的借鉴。中国江南私家园林昌盛于中国明、清时代，它在立意命题、园林布局、掇山理水、建筑营构、花木配置等方面都形成了自己的特色，曾对皇家园林产生重要影响，体现了中国古典园林的精髓。

无论是空间、造型、构景，中国园林都具有鲜明的民族特色和艺术风格。文人园林，尤其是晚明江南地区文人学士的私家园林在整个园林发展史上也堪称一绝，其独特的审美取向对当代园林设计艺术意义非同凡响。明代后期江南小型化园林空前繁盛，反映了士林崇尚个性、追求自适的文化心理和审美取向。然而，目前针对明代江南地区文人园林的研究尚不全面。曹林娣的《明代苏州文人

---

① 张劲农：《文人园林与山水情怀》，载《广东园林》2007 年第 6 期。

② 侯涛：《浅论江南文人园林布局与意境营造》，华中农业大学硕士学位论文，2007 年。

③ 胡晓宇：《中国江南私家园林与英国自然风景式园林风格比较初探》，重庆大学硕士学位论文，2007 年。

园解读》① 强调园林是历史的“物化”，也是“人化”的历史。

明代学者文震亨所著《长物志》堪称是一部中国传统造园思想的集大成之作。由于受当时历史社会、经济、科技和文化等方面的影响，造园风格仍摆脱不了当时历史条件产生的各种局限。然而在长期的园林建筑演变进程中，《长物志》中所阐释的造园思想内涵对当代造园艺术仍具有借鉴性和启示性。《长物志》中与造园有直接关系的为室庐、花木、水石、禽鱼、蔬果五卷，另外七卷书画、几榻、器具、衣饰、舟车、位置、香茗也与园林有间接的关系。“室庐”卷中，把不同功能、性质的建筑以及门、阶、窗、栏杆、照壁等分为 17 节论述②。对于园林的选址，文震亨认为“居山水间者为上，村居次之，郊居又次之”，建筑设计均需要“随方制象，各有所宜；宁古无时，宁朴无巧，宁俭无俗”③。“花木”卷分门别类地列举了园林中常用的 42 种观赏树木和花卉，详细描写它们的姿态、色彩、习性以及栽培方法。他提出园林植物配置的若干原则：“庭除槛畔，必以虬枝古枯干，异种奇名”，“草木不可繁杂，随处植之，取其四时不断，皆入图画”④ 等。“水石”卷分别讲述园林中常见的水体和石料共 18 节，水、石是园林的骨架，“石令人古，水令人远。园林水石，最不可无”⑤。“禽鱼”卷仅列举鸟类六种、鱼类一种，但对每一种的形态、颜色、习性、训练、饲养方法均有详细描述。如应“当筑广台，或高岗土垅之上”，使

① 曹林娣：《明代苏州文人园解读》，载《苏州大学学报（哲学社会科学版）》2006 年第 3 期。

② （明）文震亨著：《长物志图说》，山东画报出版社 2005 年版。《长物志》共有“室庐”、“花木”、“水石”、“禽鱼”、“书画”、“几榻”、“器具”、“衣饰”、“舟车”、“位置”、“蔬果”、“香茗”十二卷。

③ （明）文震亨著：《长物志·室庐卷》，江苏科学技术出版社 1984 年版。

④ （明）文震亨著：《长物志·花木卷》，江苏科学技术出版社 1984 年版。

⑤ （明）文震亨著：《长物志·水石卷》，江苏科学技术出版社 1984 年版。

鹤能“居以茅庵，邻以池沼，饲以鱼谷”，若“欲教其舞”，必须“俟其饥，置食于空野，使童子扮掌，顿足以诱之。司之既熟，一闻扮掌，即便起舞”①。“蔬果”卷则重点介绍蔬菜、瓜果的品种、形态、特点以及种植、保护方法等，如柿有七绝：“一寿，二多阴，三无鸟巢，四无虫，五霜叶可爱，六嘉实，七落叶肥大。”②特别指出造园应突出大自然生态特征，使得各种植物能够在宛若大自然界的环境中和谐生长。

第三节　本书的研究内容与思路

本书从文震亨造物的思想、文化内涵、审美情趣以及园林设计等多方面，对文震亨造物思想与创新思维进行探讨。以《长物志》造园思想为理论依据，结合明末江南文人园林特征，对古典园林建筑实地调研，以梳理中国古典园林建筑设计中文化传承的途径，从理论上和实践上对造园思想的继承与创新内涵进行重新阐释，以期能构建一道连接传统文化和当代园林创新的桥梁。具体研究框架图如图 1-1。

本书选取中国古典园林中具有代表性的晚明江南文人园林作为研究对象，在广泛搜集整理资料和文献的基础上，结合明清时期著名造园论著——《长物志》，对中国古典文人园林从整体到细部进行分析和解读，归纳总结明代末期江南文人园林的传统美学特征、表现手法和造景技巧，揭示其在布局、选型、空间等方面的独特性，剖析园林建筑背后的深层文化内涵和意蕴。同时，结合当今全球建筑文化的特点，探讨中国现代文人园林的发展方向。

本书以中国文人园林为主要研究对象，对明代园林物质建构中凸显的人格理想等进行文化解读。明代苏州园林的质和量已达巅

① （明）文震亨著：《长物志·禽鱼卷》，江苏科学技术出版社 1984 年版。

② （明）文震亨著：《长物志·蔬果卷》，江苏科学技术出版社 1984 年版。

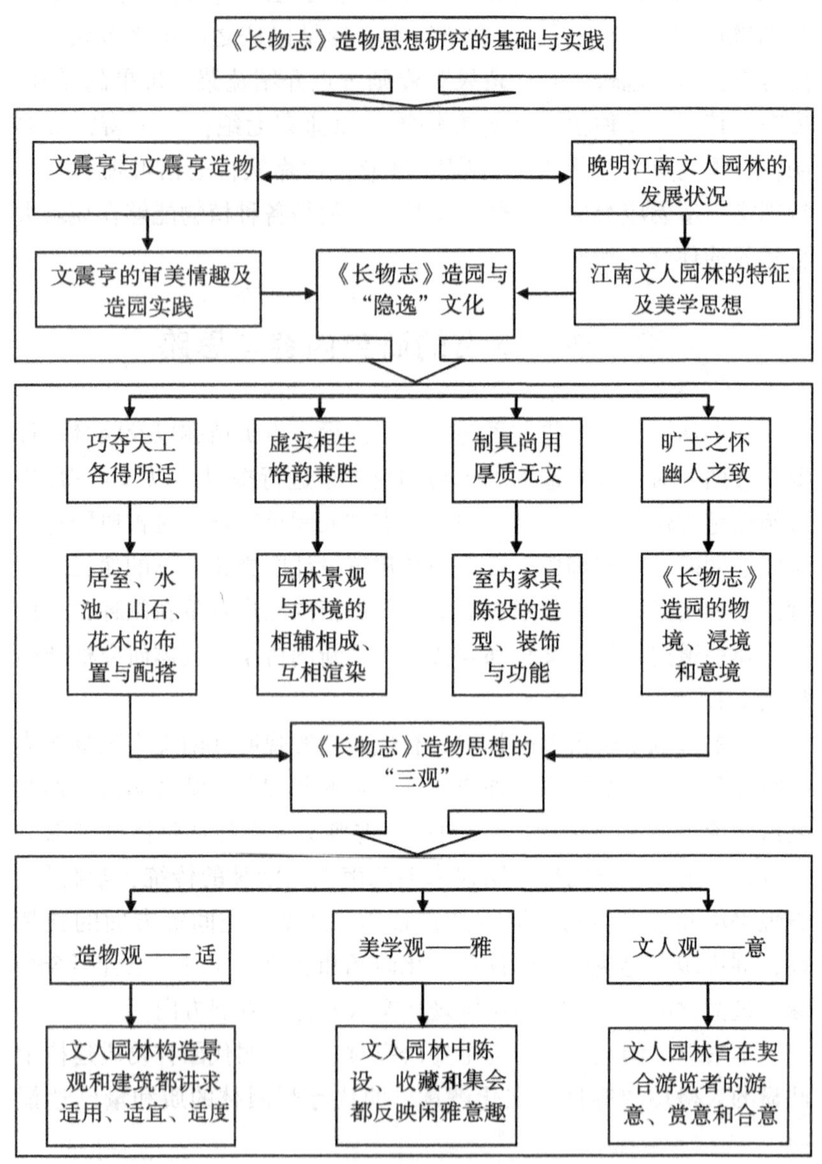

图 1-1　《长物志》造物思想研究框架图

峰，文化格调高逸，熔文学、哲学、美学、建筑、雕刻、山水、花木、绘画、书法等艺术于一炉，也创造了中国文人“隐于市”、“隐于艺”的生活环境和创作模式，是我们研究明代文人人格建构和审美雅尚的重要物质实体。龚玲燕的《明代南京私家园林研究》① 主要是从历史与文化的角度对明代南京私家园林进行研究，论述了在这一特定时期内南京园林分布及其文化内涵演变的情况。刘新静的《上海地区明代私家园林》② 以上海地区明代私家园林为研究对象。通过对这些园林的研究，在展示当时私家园林风貌的基础上，深入探讨上海地区明代园林与文人士大夫的关系以及当时园林文化的发展演进，以期为我们今天上海的旅游文化建设提供一种思考和借鉴。侯佳彤的《明清私家园林的人文情怀》③ 通过系统分析明清私家园林的人文要素和文化内涵，为当代园林艺术设计产生提供借鉴，体会古人在园林艺术与文化层面上的追求。希望新一代设计者在对自然的体悟中感受个体生命思想升华的意义，能够在富有的基础之上去追求高贵的思想品格。

研究的脉络首先是从明代造园巨著——《长物志》的美学思想论述中国传统园林建筑设计的技艺特征和文化内涵；然后在分析晚明江南私家园林发展概况的基础上，揭示明代末期江南地区文人园林的时代特征及美学价值；最后纵向梳理晚明—清初—当代的造园思路，探讨现代造园设计的新趋势。拟引用《长物志》的造物美学思想及其造园理论，横向实地调研江南园林遗址，搜集和提炼中国古代园林建筑装饰元素。

主要内容如下：

（1）深入研究文震亨及其造园实践，以《长物志》为蓝本，从美学角度挖掘中国传统园林设计的造园思路。结合时代特征，探索中国古典园林建筑的文化底蕴。（2）剖析晚明江南文人园林体

① 龚玲燕：《明代南京私家园林研究》，上海师范大学硕士学位论文，2008 年。

② 刘新静：《上海地区明代私家园林》，上海师范大学硕士学位论文，2003 年。

③ 侯佳彤：《明清私家园林的人文情怀》，载《文艺评论》2009 年第 3 期。

系的社会背景和总体特征，特别关注“隐逸”文化在中国传统园林设计中的体现。(3) 结合《长物志》所阐述的造物目的、审美关照及人格追求，分析明末江南文人园林景观及室内设计，揭示明代园林的造园技巧和美学内涵。(4) 从传统与创新的关系上，探讨中国传统造物理论传承与创新的途径，并对当代文人园林的发展趋势提出展望。

创新点：

(1) 通过搜集大量古籍资料，解读《长物志》原著，寻求其内在造园思维，提炼晚明时期造园手法；(2) 分析明末清初时期文人士大夫的生活方式，特别关注“隐逸”文化在中国传统园林设计中的体现，结合现代人的生活及审美进行比对，总结明代造园技艺及园林美学理论；(3) 依托《长物志》归纳造物原则，诸如“巧夺天工，各得所适”、“门庭雅致，屋舍相宜”、“制具尚用，厚质无文”、“神形兼备，忠实畅达”；(4) 总结造园美学思想，《长物志》的造物观“适”、美学观“雅”和文人观“意”，同时结合《长物志》的造物美学思想研究，对当代创新设计提供一种新思路。

第二章　文震亨与文震亨造物

第一节　文震亨所处的时代

明朝是我国封建社会后期的最后一个由汉族建立的君主制王朝。1368年朱元璋灭元称帝，国号为大明①，至1644年灭亡，先后经历十二世，十六位皇帝，共276年。明朝是中国继周朝、汉朝和唐朝之后的黄金时代。明初太祖至宣宗期间，是明朝国内相对安定繁荣的时期。“洪武之治”使社会经济达到历史最高水平，为明代社会、文化兴盛奠定良好基础；“永乐盛世”实现政局稳定、经济发展、外交友好、民族统一，大明王朝进入空前的全盛时代；明代仁宗、宣宗两朝是明王朝的鼎盛时期，在朱元璋创业的基础上，“仁宣之治”从政治、经济等各方面来求得社会的安定与统治的巩固。明帝国从正统朝开始，便逐渐走向衰落，几度出现宦官专权、农民起义等统治危机。

万历即位之初的16世纪末期，杰出的政治家张居正辅政，采取一系列改革措施以缓和当时的社会矛盾，主要涉及政治、经济、国防外交等方面。在政治上，鉴于明王朝“吏治不清，贪官为害”②，“吏不恤民，驱民为盗”③的腐朽政治局势，张居正十分重视对吏治的整顿。万历元年他提出了“考成法”，要求从中央到地

① 明史学者吴晗在《朱元璋传》中称“大明的意义出于明教”。

② 《张文忠公全集》书牍十，《答两广刘凝斋经略海寇四事》。

③ 《张文忠公全集》书牍一，《答两广巡抚熊近湖论广寇》。

方的各级官吏都要做到“法之必行，言之必效”①。在逐级考察的过程中，张居正裁汰冗员、奖励贤能，为推行其他各项改革措施铺平道路。面临财政危机不断激化的局面，贵族、官僚和地主隐瞒其所拥有的土地，使得“小民税存而产去，大户有田而无粮”②，“豪民有田不赋，贫民曲输为累，民穷逃亡，故额顿减”③，从而导致赋税征收陷入严重的混乱和不均的状态。为解决这一问题，张居正提出清丈土地的政策，使土地“皆有疆理，无有隐奸。盖既不减额，亦不益赋，贫民不至独困，豪民不能并兼”④。随后，张居正又在全国范围内推行一条鞭法的赋役制度。旨在统一赋役，简化征收项目和手续，在一定程度上抑制豪强漏税和官吏贪污的弊端；赋役征银，且役银以丁、田为征收对象，有利于减轻贫苦下户的负担。重视边防的张居正，认为只要“坚定必为之志”，“不出五年，虏可图也”⑤。在国防方面任用良将，练军守边，并支持王崇古对蒙古族的通好政策，设茶马市，使汉、蒙人民通商往来，和睦相处。

张居正的改革挽救了明中叶以后积弱积贫的统治危机，促进了当时社会、经济局势的相对稳定。农业中粮食作物品种增多，万历年间汪应蛟在天津葛沽、白塘一带“募民垦田五千亩，为水田者十之四，亩收至四、五石”⑥；经济作物也得到广泛种植，万历年间的《仙居县志》记载说：“落花生原出福建，近得其种植之，”⑦万历三十七年《钱塘县志》也著录了落花生⑧，这说明除了福建沿海地区，江浙也是落花生输入的主要地区。手工业部门日益增多，特别是棉纺织业的生产规模更加扩大，松江府的上海县和浙江

① 《张文忠公全集》奏疏三，《请稽查章奏随事考成以修实政疏》。

② 《明世宗实录》卷二〇四。

③ 《明史纪事本末》卷六一，《江陵柄政》。

④ 《张文忠公全集》附录，《文忠公行实》。

⑤ 《张文忠公全集》奏疏一，《陈六事疏》。

⑥ 《明史》卷二四一，《汪应蛟传》。

⑦ 转引自谢国桢：《明代社会经济史料选编·上》，第35页。

⑧ 见《纪疆·物产》。

的嘉善县纺纱织布都很发达，当时享有“买不尽松江布，收不尽魏塘纱”① 之美誉；具有悠久历史的丝织业，在明朝中后期发展到了新的高度，江南有许多村镇成为丝织业发达的地方，如嘉兴的王江泾镇“多织绸收丝缟之利，居者可七千余家，不务耕绩”②，嘉兴的濮院镇“机杼声札札相闻，日出锦帛千计”③，湖州的双林镇“俗皆织绢”④；瓷器的品种也极为繁多，在万历时期尤为突出，当时除了普通用品诸如碗、盘、碟、盒、杯之外，还有炉、瓶、缸、坛、烛台、笔架等各式各样的用品。清人朱琰说：“明瓷至隆万，制作日巧，无物不有。”⑤ 随着社会生产力的提高，商品经济空前繁荣起来，工商业城镇不断兴起。长江中下游的江南地区是物产最丰富、商业最发达的地方，全国各地的许多货物被聚集在这里的商业中心区中出卖，如连贯苏浙闽广的交通枢纽江西省广信府铅山县就有来自四面八方的各种货物在此出售⑥，湖州府乌程县乌镇“实为浙西垄断之所，商贾走集于四方，市井数盈于万户”⑦，德清县塘栖镇“在县治东三十五里，与仁和县接境，官道舟车之冲，丝缕粟米皆聚贸于此”⑧。由于商品生产的扩大和商业的繁荣，社会生活受到了很大影响。有些地区居民的生活对市场的依赖越来越大，在金钱财富的刺激下，奢侈豪华的风气也越来越浓，特别是“万历之后，迄于天（启）、崇（祯），民贫世富，其奢侈乃日甚一日焉”⑨，这种现象在经济发达的江南地区尤为突出。明代万历年间以来，商品生产和交换已相当发达，资本主义萌芽也正是在这一

---

① 《浙江通志》卷一〇二，《物产》二，引万历《嘉善县志》；魏塘为嘉善县城所在地。

② 《明神宗实录》卷三六一，光绪《嘉兴府志》卷四，引万历《秀水县志》。

③ 《濮川所闻记》卷四，引李培《翔云观碑记》。

④ 民国《双林镇志》卷十二，碑碣（明）《重建化城桥碑铭》。

⑤ 《陶说》卷三。

⑥ 万历《铅书》卷一《食货》。

⑦ 万历《湖州府志》卷三。

⑧ 万历《铅书》卷一《食货》。

⑨ 光绪重刊乾隆十一年《震泽县志》卷二十五，《崇尚》。

基础上产生和兴盛起来的。在沿江沿海地区的纺织、酿造、造纸、陶瓷等一些行业已经有所表现，出现了大规模的手工作坊，雇佣自由出卖劳动力的工人从事生产，产生了新型的剥削关系。由于封建制度的束缚，这种新生事物在当时还只是稀疏地、散见于个别行业、个别地区之中，但它代表着历史发展的新方向，对明朝中后叶的政治和思想文化产生了深刻的影响。

然而，明朝后期地主阶级的统治日趋反动、没落，封建的生产关系日益腐朽，严重地束缚着生产力的发展。张居正的改革并未触及地主阶级的根本利益，封建社会所固有的矛盾依然存在。改革虽然在短期内缓和了社会矛盾，延缓了政治危机的爆发，但终究无法逆转明王朝封建统治的必然毁灭。加上万历皇帝整日在深宫中不理政事，沉浸在花天酒地之中，统治阶级内部争权夺利的党派斗争越演越烈。到天启年间（1621—1627），宦官魏忠贤专政，官僚队伍中党派林立，互相倾轧，鱼肉百姓，民不聊生。同时，我国东北境内女真族的崛起，和中央王朝相抗衡，对明朝造成严重的威胁。为抵抗外敌明朝统治者加派军饷，加之连年灾荒更是致使农民赋役负担苛重，广大的贫苦农民再也无法忍受天灾人祸的折磨，终于在天启末年揭竿而起，点燃了反抗斗争的烽火。至1644年，在内忧外患的交相煎逼下，明王朝以崇祯帝自缢而宣告彻底灭亡。

第二节 文震亨的生平

文震亨（1585—1645），字启美，江苏苏州人，明末画家。生于明万历十三年，卒于清顺治二年，享年61岁。曾祖文征明曾与沈同、唐寅、仇英齐名，世称“明四家”。祖父文彭不仅“书法步武衡山，尤工隶古”①，而且“画笔苍郁似梅道人，善画花果”②。父亲文元发仕途平顺，官职也晋升至卫辉府同知。兄文震孟为天启

① 姜绍书：《无声诗史》，于玉安编：《中国历代画史汇编》，天津古籍出版社，第593页。

② 彭蕴灿：《历代画史汇传》，卢辐圣：《中国书画全书》，上海书画出版社1993年版，第185页。

二年殿试状元，曾任礼部尚书、东阁大学士。具有如此家世背景的文震亨，自幼诗文书画均能得其家传，再加上他广读博览、聪颖过人，使其得以“翰墨风流，奔走天下”①。然而也因此“少为诸生，乡试屡挫，即弃科举”②，文震亨最终以诸生卒业于南京国子监，并于天启六年被选为贡生。此后他便寄居于白下地区（今南京市），到处搜选歌伎且与丝竹相伴，每日游山玩水，好不痛快③。崇祯十年选授陇州判，此时其兄文震孟已经去世。文震亨的书法和琴艺都很精到，且名震皇宫。崇祯皇帝制颂琴两千张，命文震亨为它们一一命名④。由于他出色地完成了任务，皇帝就改授其中书舍人一职，专门负责修缮文书、校正书籍等事宜。此时的文震亨“交游赠处，倾动一时”⑤，达到他人生和事业的顶峰。然而这种春风得意的状态也仅仅只是昙花一现，随后文震亨的仕途多有起伏。天启年间宦官魏忠贤专政，为排除异己对反对他的东林党人大发淫威。文氏因偕杨庭枢等力保当时被阉党追捕的周顺昌不成，乃激民变，被认为事变之首。多亏东阁大学士顾秉谦的门客和他们友善，从中斡旋才得以解脱干系⑥。在他做了三年中书舍人之后又因其友黄道周屡次建言而得罪了崇祯皇帝，被牵连下狱。一两年后才获复职⑦。崇祯十五年（1642）他奉命到蓟州劳军，其后朝廷准假让他回原籍苏州省亲。1644 年清兵攻陷南京，六月又攻占苏州，文氏只好躲避到阳澄湖一带。当他听说清兵剃发令下，即投河自尽。虽被家人救起，但他绝食六天后呕血而死⑧。

---

① 《武英殿中书舍人致仕文公行状》，见陈植《长物志校注》，江苏科学技术出版社 1984 年版，第 425 页。

② 《张文忠公全集》书牍十，《答两广刘凝斋经略海寇四事》。

③ 《张文忠公全集》书牍十，《答两广刘凝斋经略海寇四事》。

④ 钱谦益：《列朝诗集小传》，上海古籍出版社 2008 年版，第 658 页。

⑤ 《张文忠公全集》书牍十，《答两广刘凝斋经略海寇四事》。

⑥ 《明史》，卷二百四十五，中华书局 1974 年版，第 6353 页。

⑦ 《明史》，卷二百五十五，中华书局 1974 年版，第 6592 页。

⑧ 褚庆立：《奇逸隽永　格韵兼胜——论文震亨的书画思想及绘画艺术》，载《中国书画》2008 年第 3 期。

第三节　文震亨审美情趣

文震亨出生于名门世家，聪颖过人，自幼涉足文学、书画、音乐、造园等领域，对书画艺术尤其精通。繁荣富庶的经济生活和深厚渊博的文化底蕴，陶冶了文震亨宁静典雅、蕴藉风流的审美意趣。明朝末年君主统治摇摇欲坠，为远离京师的权利争斗、尔虞我诈，文震亨不得不选择避世而沉醉于古雅天然的物态环境之中。崇尚简洁儒雅的艺术格调，他主张运用文学手法营造出闲、静、幽、雅、文、逸的艺术意境，以传达一种超凡脱俗的美学格韵。品玩赏鉴、吟诗作画成为他抒发志向和寄托忧思的手段，也成为其恪守文人品格的武器。

图 2-1　《武夷玉女峰图》

文震亨凭绘画来言志，一方面从宋元传统山水画中汲取营养，他“画山水兼宗宋元诸家，格韵兼胜”①，另一方面从文家书画传统和艺术风格中传承超然的格调和古朴的韵味。《武夷玉女峰图》轴是文震亨的代表作之一（图 2-1），该作品完成于崇祯甲戌年（1634）农历二月初十，现藏于北京故宫博物院。以福建武夷玉女峰为对象，采用高远之法，按照远、中、近景层次分别进行细致刻画。该画继承了吴派画家传统的绘画语境，以耸立高峻的峭壁或山峰为背景，傍水而建的廊亭或房屋与远处峰脚的流水遥相呼应，勾勒出一幅世外仙境，倡导幽静雅致、返璞归真的生活状态和

① 徐沁：《明画录》，于玉安编《中国历代画史汇编》第 3 册，天津古籍出版社 1997 年版，第 84 页。

精神境界。除了气势磅礴的大幅山水以外，文震亨还擅长画扇面和册页类的作品。《唐人诗意图》册页，共十二帧，该作品更加注重画面意境的营造，以精简的笔触传达无穷的韵味，现也藏于北京故宫博物院。在这组册页中，构图简洁、笔法明快、简中见繁，将所依唐诗题跋其上，使得诗书画印相得益彰，具有极强的文人气质。从中我们可以看到“云林清秘，高梧古石中，仅一几一榻，令人想见其风致”。① 这恰恰正是文人士大夫特有的审美追求及文化情怀的完美体现，反映了文震亨逃离世俗喧嚣，悠游人间的生活态度，是展现其人文精神和审美情趣的传世之作。

文震亨借长物来抒情，一方面由于他身逢动荡年代，淡泊名利、消极应世的心态；另一方面是在揭示所写之物都是些“寒不可衣，饥不可食”②，是文人鉴赏把玩之物。“长物”一词，意指多余之物，含有身外余物之意。《长物志》中所描述的物分属工艺、美术、建筑、园艺诸多学科，然而这些物却并非日常生活所必需之物，诸如器物不是生产劳动所用的工具，食物也不是果腹充饥所需的粮食，所以将其称为“长（zhàng）物”，即多余的物，或者说奢侈的物。就文震亨而言，书中所指的“长物”绝非多余之物，而是文人士大夫生活中的必需品。因为这些物品映射了文人品格意志的积淀，更是文人寄予人生理想的载体。看似无用的东西，确是身处乱世的文人书生慰藉心灵的精神家园，依托“长物”构建文人清居生活的物态环境，重塑文人独特的品格和韵味是文震亨毕生的追求。借品鉴“长物”而标举人格，文震亨倡导一种崇尚清雅、遵法自然的处世之道。

第四节　文震亨的著作及造园实践

文震亨一生著作颇丰，除《长物志》外，还有《金门集》、

① （明）文震亨：《长物志·卷十》，见陈植：《长物志校注》，江苏科学技术出版社 1984 年版，第 347 页。

② （明）文震亨：《长物志·序》，见陈植：《长物志校注》，江苏科学技术出版社 1984 年版，第 10 页。

《一叶集》、《载蛰》、《清瑶外传》、《武夷外语》、《文生小草》、《岱宗拾遗》、《新集》、《琴谱》等，尤其是《长物志》在造物工艺和园林建筑方面的研究可谓达到了炉火纯青的地步。

《长物志》可以说是明代工艺美术思想的集中体现，它强调实用自然是工艺造物的首要任务，如制作榻时，明确规定“榻座高一尺二寸，屏高一尺三寸，长七尺有奇，横三尺五寸”① 则更适于坐，将明代家具的功能更加细化；工艺造物还应与不同地理环境相适应，“繁简不同，寒暑各异，高堂广榭，曲房奥室，各有所宜”②。精简而必别出心裁是《长物志》中所传达的审美取向，如“榻者，如花楠、紫檀、乌木、花梨，有古断纹者，其制自然古雅。其他如大理石镶嵌，有退光朱黑漆，中刻竹树，以粉填者，有新螺钿者，非大雅器”③。这里详细描述制作榻时，对于所选材质的纯朴和精简；又如“禅椅以天台藤为之，或得古树根，如虬龙诘曲臃肿，槎枒四出……可见其用成何等自由、豪放”④，可见明代家具的制作工艺采用流畅舒展的手法，大方而又不失幽雅。厚质无文的美学思想体现了文人独立的人格韵律和精神追求，如“镜，秦陀，黑漆古、光背质厚无文者为上，水银古花背者次之”⑤。此处的“质”为材料的本质，注重造物的实用性，是衡量工艺设计价值的根本标准；“文”则是相对于质的装饰，“无文”反映一种追求简洁雅致的审美趋向，以及优游山林的恬淡心态。正如《长

---

① （明）文震亨著，陈植校注：《长物志·卷六·几榻》，江苏科学技术出版社 1984 年版，第 225~244 页。

② （明）文震亨著，陈植校注：《长物志·卷十·位置》，江苏科学技术出版社 1984 年版，第 347~357 页。

③ （明）文震亨著，陈植校注：《长物志·卷六·几榻》，江苏科学技术出版社 1984 年版，第 225~244 页。

④ （明）文震亨：《长物志·序》，见陈植：《长物志校注》，江苏科学技术出版社 1984 年版，第 10 页。

⑤ （明）文震亨著，陈植校注：《长物志·卷七·器具·镜》，江苏科学技术出版社 1984 年版，第 274 页。

物志》序中沈春泽所言“贵其爽而清，古而洁也”①，体现了明代文人雅士追求古朴、闲雅的生活情怀和行为典范，与实用、简约、精致、典雅的造物风格相得益彰。

论及造园实践的历史，可以追溯到文震亨的曾祖父一辈。文氏家族几代人都钟情于园林，曾祖文征明扩建停云馆，“前一壁山，大梧一枝，后竹百余竿。悟言室在馆之中。中有玉兰堂、玉磬山房，歌斯楼”②；父文元发营造衡山草堂、兰雪斋、云敬阁、桐花院多处宅院③；兄文震孟在阊门内文衙弄原袁祖庚“醉颖堂”的基础上建“药圃”，此园留存至今，是明代小型园林的典型代表之一。随后，文震孟又对“药圃”进行大规模修建，其中“青瑶屿”最负盛名，曾被誉为“林木交映，为西城最胜”④。文震亨生于造园世家，这对他造园思想的形成是有深刻影响的。他平日里游园、咏园、画园，也参与众多园林建造。明朝末期民变蜂起、党派倾轧，文震亨为逃避现实，愈加纵情山水，热衷于造园艺术。文震亨多才多艺，造诣颇高，在造园实践方面也留下了许多不朽佳作。文震亨曾在冯氏废园的基础上，构筑香草堂（位于苏州市高师巷），其中建有婵娟堂、绣侠堂、笼鹅阁、斜月廊、游月楼、玉局斋、鹤栖、鹿砦、鱼床、燕幕、啸台、曲沼、方池等景观。顾苓在《塔影园集》中盛赞香草堂“水草清华，房拢窈窕，阛阓中称名胜地”⑤。此外，文震亨在西郊建碧浪园，南京置水嬉堂，还“于东郊水边林下，经营竹篱茅舍”⑥。可以说，文家祖孙几代人以自己的文化修养造园、画园、设计园林、吟咏园林、研究园林，曾为明清两朝苏州园林的发展增光添彩。流传至今的园林遗址，对中国乃至世

---

① （明）文震亨著，陈植校注：《长物志·序》，江苏科学技术出版社1984年版，第12页。

② 据《文氏族谱续集·历世第宅坊表志》。

③ 王永厚：《文震亨及其〈长物志〉评介》，载《中国农业科学院科技文献信息中心》1992年第47期。

④ 崇祯《吴县志》。

⑤ 据《文氏族谱续集·历世第宅坊表志》。

⑥ 陈植：《长物志校注》，江苏科学技术出版社1984年版。

界而言更是弥足珍贵的园林文物。

综上，《长物志》不仅是对造物技艺及美学思想的理论探讨，更是文震亨本人造园实践的经验总结，特别是该书在造园思想上的论述为明代后期乃至现代园林艺术设计都具有极高的借鉴价值。

第五节　本章小结

本章以明代万历至崇祯年间为时代背景，深入分析文震亨所处历史时期的政治、经济特征。结合文震亨生平研究，从吟诗作画、品鉴赏玩的角度揭示其审美情趣，凭书画言志、借长物抒情是文震亨传达文人情怀、恪守文人品格的重要载体。通过研究文震亨的主要著作——《长物志》及其造园实践，总结造物工艺美术思想，为现代园林设计奠定基础。

第三章　晚明江南文人园林的发展概况

第一节　江南文人园林体系的相关背景

江南因气候温和，山川秀丽，林木苍郁等得天独厚的自然条件而很早就成为我国园林的发祥地之一。最早见于文献记载的江南私家园林是东晋吴郡的顾辟疆园，稍后有会稽（今浙江绍兴）的谢灵运别业、王羲之的兰亭，建康（今江苏南京）的茹法亮园，广陵（今江苏扬州）徐湛之的陂绛等，江南园林因此而初具规模。但元代对江南实行严酷统治，十儒九乞，江南园林因之败落。明初的礼法则进一步压制了园林的发展，当时政府规定："不许于宅前后左右多占地，构亭馆，弄池塘，以资游眺"①。江南园林几至凋敝不存。明中叶这一禁令渐渐废黜，江南园林开始恢复了发展。明末时期江南园林得到前所未有的发展，除江南具有营造园林得天独厚的自然条件外，还与当时社会的政治、经济、思想、文化等多元因素有着密切联系。

一、动荡不安的政治环境

明末清初是个政治上风云迭起的时期，统治阶级内部党派之争达到白热化的程度，宦官专权的现象空前严重。特别是万历之时，东林党人目睹政治腐败，要求改革弊政以缓和日益尖锐、势将危及

① 本文所论为明万历至清康熙年间南直隶（包括今江苏、上海）、浙江的园林。

封建统治的阶级矛盾，赢得了社会广大阶层的支持。然而，东林党人的这些言行和政治见解却不能为腐朽昏聩的皇帝所采纳，反而招致宦官勾结反对派对他们进行残酷无情的迫害。由于封建阶级剥削和政治压迫，在全国范围内，更是掀起波澜壮阔的群众性反封建压榨的斗争风暴。就在明王朝国势衰落之际，满洲女真族崛起，随着其军事力量的加强，乘虚而入推翻明朝而最终建立清朝。

面对内忧外患的窘迫困境，不少文人士流之辈选择逃离现实，退居林野。如计成曾说："历尽风尘，业游已倦，少有林下风趣，逃名丘壑，久资林园，似与世故觉远，惟闻时事纷纷，隐心皆然，愧无买山力，甘为桃源溪口人也。"① 然而作为已在尘俗中度过半生的文人们，若把自己完全隔离于山川林壑之中，实在有悖于其悠游赏玩的生活态度，而兴建园林正好缓和了这一矛盾，"故以一卷代山，一勺代水"来满足自己的"所谓无聊之极思"②。这些私家园林不仅让人们暂时抛开对现实的不满，而且园主在这块私人土地中，可以尽情吟诗饮酒，把弄古玩，从而完善自己独立的社会思想和人格价值，以实现儒家"入则独善其身"的圣训。

二、繁荣兴旺的商业经济

明中叶以后，资本主义萌芽在江南地区日益发展，许多江南民众被卷入商业潮流之中。时人林希元曾说："今天下之民，从事于商贾技艺，游手游食者十而五六。"③ 万历《歙县志》亦称"人人皆欲有生，人人不可无贾矣"④。当时江南各城市的商业中心地位

---

① （明）计成：《园冶》卷三。计成（1582—?）明末造园家；字无否，号否道人，吴江（今属江苏）人。少时好搜奇，能诗善画。扬州郑元勋影园、仪征汪士衡寤园、常州吴玄东第园皆其所筑。

② （清）李渔：《闲情偶寄》卷四。李渔，明末清初浙江兰溪人，著名的戏曲理论家，亦好筑园。他曾亲手经营过三座别业：伊园、芥子园、层园，也为别人构建过绿野堂庄园、半亩园、惠园等。

③ （明）林希元：《林子崖先生文集》卷二，转引自陈学文：《中国封建晚期的商品经济》，湖南人民出版社 1989 年版。

④ 万历《歙县志》。

日益凸显，如苏州，“每漏下十余刻，犹有市”①；上海在这时也日趋发达，当地人陆楫记载说：“（上海）谚号为小苏州，游贾之仰给于邑中者，无虑数十万人；”② 嘉兴府崇德县石门镇，“商贾辐辏，浮于邑”③；桐乡县皂林镇，“居民夹运河，成一雄市”，“明（天）启、（崇）祯间尤为富庶，薄暮四方舟楫云集，张灯夜市，成河路之要津”④。

明代自万历朝之后，奢侈浮华的社会风气日盛一日，松江在“嘉靖时四门绝无游船，自隆庆初年，仅数航入郡，而松人用以设酒者无虚日，自是游船渐增”，“夏秋间泛集龙潭，颇与（苏州）虎丘河争盛”⑤。商业兴盛造就了一批腰缠万贯的富商，他们把所积累的财富除用以购田置地之外，还用于购置豪侈之物。“细木家伙，如书棹禅椅之类”，原来“曾不一见”，“隆（庆）万（历）以来，虽奴隶快甲之家，皆用细器，而徽之小木匠争列肆于郡治中，即嫁装杂器俱属之矣。纨绔豪奢，又以椐木不足贵，凡床厨几棹，皆用花梨瘿木、乌木、相思木，与黄杨木，极其贵巧，动费万钱”⑥。富商大贾和豪家巨族也开始将建筑园林作为其奢侈浮华生活的一大主题。私人园主不惜掷重金，借园林寄情闲游、附庸风雅，结交文人士林之流，从而提高自己在社会中的身份及声望。当时地主巨商竞相建园，曾有记载如“（隆万以前）人家房舍，富者不过工字八间，或窖圈四周，十室而已；今重堂窈寝，回廊层台，园亭池塘，金辉碧相不可名状矣”⑦。

三、影响深远的哲学思想

明朝中后叶，封建统治出现了严重的政治危机，社会阶级矛盾

① 正德《姑苏志》卷十三，《风俗》。
② 《纪录汇编》卷二〇四，《蒹葭堂杂著摘抄》。
③ 康熙《崇德县志》卷七。
④ 光绪《嘉兴府志》卷四，引康熙《桐乡县志》。
⑤ 《云间据目钞》卷二，《记风俗》。
⑥ 光绪《嘉兴府志》卷四，引康熙《桐乡县志》。
⑦ （明）何乔远：《名山藏·货殖记》。

也不断激化，同时也出现思想危机，旧有的理学教条已不可能解决现实存在的社会危机。王阳明心学思潮以及其他思想的汹涌，催动着社会个性的解放。

王阳明（1427—1528），名守仁，字伯安，浙江余姚人。他亲历官场的黑暗混沌，痛恨统治阶级的道德沦丧，于是在批评朱熹客观唯心论的基础上，结合其一生的政治实践经验，建立起一套完整的主观唯心主义理论体系。“心学”是王阳明哲学思想的核心内容，他认为人的心是宇宙的本体，是天地万物的主宰，心之外的一切都不复存在。为了阐明这一观点，王阳明竭力夸大人类思维的能动作用，把客观事物存在归因于人类主观直觉作用的结果。与这种主观唯心论相联系，王阳明又提倡“致良知”学说，即认为人们的各种道德知识、判断是非善恶的能力也是天赋异禀。换言之，“心”是知识、才能和伦理道德的本源。他还强调“致知必在于格物”，即改正心中的私欲杂念，发扬善心，使“良知”不受“昏蔽”①。王阳明的“心学”旨在摒除人们心中不符合封建道德观念的“物欲”，维护封建统治秩序，挽救封建社会的政治危机。“心外无理，心外无事”蔚然形成一代学术思潮。面对政治腐败、封建统治岌岌可危的局势，士人们深感无能为力，只好抛弃对身外之物的追求，反求于内心的安宁，隐逸遁世以求得心灵的解脱和慰藉，在园林的寄寓上也深深地流露着一种“心学”精神，表现出身处园林而“心外无物”的一面。

随后在江南地区，“禅学”愈盛。一时之间出现了好几个大师，最引人注目的是莲池株宏（1535—1615）、紫柏真可（1543—1603）、憨山德清（1546—1623）和藕益智旭（1599—1655）。这四位高僧采取兼收包容的态度，德清注解《道德经》，阐明《庄子》意趣，对儒教的《春秋》、《大学》都有解说，智旭的《四书藕益解》、《周易禅解》更是三教融通的著作②，他们的思想主张

① 娄曾泉，颜章炮：《明朝史话》，北京出版社1984年版，第298页。

② 王一帆：《禅学与晚明清言》，河北师范大学硕士学位论文，2007年。

和传教实践推动了禅学在晚明的风行。晚明高僧的社交面也十分广阔，尤其与士大夫中的文化名流更是交往甚密，观点多有契合。因此，“禅学”思想大有倾向学术和艺术之势。在儒、释、道三教合一之论成为主流的时代背景下，晚明文人学士融汇三教、援禅入儒已成为当时的风气。大量的山人、名士、隐士随之而生，“有明中叶以后，山人墨客标榜成风，稍能书画诗文者，下则厕食客之班，上则饰隐君之号，皆士大夫以为利，士大夫亦借以为名”①。面对黑暗的政治环境，士人们与其碌碌沉浮，不如隐遁逃世。而在晚明江南地区盛行一时的私家园林，实际上就是晚明士人参禅避世，独善其身的世外桃源。在文人园林的建筑景观设计中，都可以看到禅学清静无为的心念对晚明士人的影响，士大夫通过品鉴赏玩来传达参悟禅学的心灵体验。对于晚明士人而言，参禅并不仅仅是一种虔诚膜拜，更多的是将其作为一种排解情绪、抒发情怀的生活方式。

四、蓬勃发展的绘画艺术

明末清初，随着政治、经济结构变化和思想文化发展，绘画艺术风格也出现了不断更迭的潮流，存在着宫廷、文人、民间三大社会层面的创作力量，致使画坛上出现了多种多样的艺术倾向和审美追求。

由于宫廷画派的险劲风格与蔑视朝政的文人性格极不相合，与清淡、荒寒的文人情趣也相去甚远，一些饱学之士乐于在吴中一带从事创作活动，因而涌现出一批富有文人格调的精美之作，为明代文人画坛注入一股新鲜血液。文人画自王右丞始，其后董源、僧巨然、李成、范宽为嫡子，李龙眠、王晋卿、米南宫及虎儿皆从董巨得来，直至元四家黄子久、王叔明、倪云镇、吴仲圭皆其正传，吾朝文、沈则又遥接衣钵。若马、夏及李唐、刘松年，又是李大将军之派，非吾曹易学也②。这些明代士大夫画家继承宋元两代文人画派的传统格韵，都讲求“清高”，以儒学为宗，“清静”、“无为”

① 《四库全书总目提要》卷一八〇集部三十三。

② 《画禅室随笔·画源》。

的哲学观念渗透入他们的美学思想。晚明时期，董其昌的“山水树石，烟云流润，神气俱足，而出于儒雅之笔，风流蕴藉，为本朝第一”①，足见其绘画对明末清初的画坛影响很大。注重绘画传统技法，董其昌更讲究笔致墨韵，墨色层次分明，追求平淡天真的格调和清隽雅逸的韵味，开拓文人山水画新境界。他借“南北宗论”抬高文人画的地位，打击和压制同时期的“浙派”等派系。至此，文人画在实践和理论上均已发展成熟，文人画上升为画坛的主导力量，并直接影响到中国传统绘画的基本格局和审美取向，形成独具民族特色的绘画体系。

中国传统文人画饱含丰富的文化底蕴，这是中国古代园林设计艺术的核心思想，尤其在文人园林的设计和建造中，园林理论亦以画论为根本，造园家往往也是画家。明清文献对主要的造园家，如张南阳、张南垣、叶洮、张然、石涛、董道士、戈裕良等人的评价大体类似，都称其“造园由绘事而来”。叶洮、石涛自不必说，他们原本就是大画家，这在《国朝画识》、《国朝画征录》以及《清史稿》等文献中都有明确记载②。文人画的空前兴盛，无疑对文人造园风格的形成和统一起到积极引导作用。

第二节　江南文人园林体系的总体特征

一、以文人士流为造园主体

文人士流即传统社会的知识分子阶层，他们无疑是传统文化最坚定的卫道士。由于艺术造诣和造园技艺的高度相关性，传统文人画家开始与专业工匠合作，共同参与园林规划与设计。《园冶》中所指的“主人”，正是既精通造园技艺又兼涉绘画的通才，也意在强调文人士流对园林营造的重要作用。文人所特有的超然品格和闲

---

① 《画史绘要》。

② 王晋韬：《论明清园林叠山与绘画的关系》，载《建筑历史》2008年。

雅神韵，使中国传统私家园林不再是对帝王苑囿的秉承和效仿，而主张在园林设计中呈现更为灵动丰富的特色。

明代初期，江南地区便出现了一批为他人建造园林的职业造园匠师，且多为文人士流之辈。明嘉靖年间上海有著名造园叠山匠师张南垣，号卧石山人，原为画家，“好写人像，兼通山水”①。后来他专门为人造园叠山，曾获“叠石最工”之美誉。张南垣的代表作有上海潘允端豫园、太仓王世贞奄山园。明代末年，江南出现另一位著名造园匠师张涟，叠山制景，颇负盛名。彻底改变过去那种矫揉造作的创作风格，他将山水画意应用于造园叠山，“穿深复冈，因形布置，土石相间，彼得真趣”②，更有“一自南垣工累石，假山雪洞更谁看？”③，对后世造园艺术产生了深远的影响。张涟所造园林数量之多，在当时都是数一数二的，其中最著名的有松江李逢申横云山庄、嘉兴吴昌时竹亭湖墅、朱茂时鹤洲草堂、太仓王时敏乐郊园、南园和西田、吴伟业梅村、钱增天藻园、常熟钱谦益拂水山庄、吴县席本桢东园、嘉定赵洪范南园、金坛虞大复豫园等。同时期，还有另外一位与张涟齐名的著名造园匠师——计成。计成属于写实派，承袭五代杰出画家荆浩和关同的画法，所造假山也曾以崇尚自然而闻名遐迩。明朝天启三至四年间（1623—1624），计成应常州吴玄的聘请，营建他的成名之作——东第园，其他代表作还有明崇祯五年（1632）在仪征县为汪士衡修建的寤园，在南京为阮大铖修建的石巢园，在扬州为郑元勋改建的影园等。1634年，计成著《园冶》一书，该书可谓是中国乃至世界造园学的经典著作之一，对后世园林设计影响颇为深远。

二、以诗情画意为审美追求

通过与中国古典诗词、绘画长期交融，文人园林被饰以诗中画意和画中诗情的艺术特色，最终营造一种“诗情画意”的美学意

① 吴伟业：《张南垣传》。

② 康熙：《嘉兴县志》。

③ 康熙初张英作：《吴门竹枝词》。

境。意境是中国古典美学的重要范畴。艺术家通过特殊的艺术构思和形象塑造，将其精神感受充分表现出来，在画面上产生一种共鸣。换言之，意境就是主观情感与客观物境相互交融而形成的艺术境界。自古以来，中国诗、画艺术都十分强调意境，追求表现形外之意、象外之象，文人园林尤其注重造园的适用性与诗画的写意性相结合。

文人园林中的景题、匾额、楹联、刻石等，犹如绘画中的题跋，无不散发着文人墨客浓烈的文学审美趣味，它们是文人传达"诗情"的特殊方式，也是文人参与园林创作、营造园林意境的主要手段。明末清初，江南文人造园兴盛时期。苏州园林，作为诗画的艺术载体，体现了文人们所追求的诗一般的道德境界和审美理想。穿行于苏州园林之中，随时映入眼帘的匾对题刻，与周围的景物相辉映，更显典雅含蓄，立意深邃，情趣高洁。通过大量题刻匾额对联，文人在私家园林言物咏志，述情抒怀，记事励德。这些品题，有的是文人即兴所做的佳词妙句，有的是源自古代诗词中的名篇箴言，既表达了文人墨客的品格才情，又增添了园林景观的诗意之美。如拙政园芙蓉榭对联："绿香红舞贴水芙蕖增美景　月缕云裁名园阑榭见新姿"，上联通过刻画荷花那淡雅清新的芬芳及其婀娜曼妙的体态，展现园林绝美的风景；下联旨在歌咏园丁们的辛勤劳作，使得园林面貌常新。又如留园揖峰轩石林小屋对联："曲径每过三益友　小庭长对四时花"，这是一组叙事抒情联，"三益友"源自《论语》，"益者三友，友直、友谅、友多闻，益矣"①；下联是指鲜花四季不凋零，通过观赏庭院里的这些花以陶冶情操、修身养性。该联措辞风格淡雅，将人生哲理融入景物之中，韵味深长。文人们正是以诗兴情，遵循"境若与诗文相融洽"，设计出富有江南特色充满诗情画意的苏州园林。

文人参与建造的园林，多以山水为蓝本，诗词为主题，借助林

① 引自《论语》孔子曰："益者三友，友直、友谅、友多闻，益矣。"意思是有益的朋友有三种，同正直的人交友，同信实的人交友，同见闻广博的人交友，便有益了。

石、花竹、禽鱼等物质与景象抒情言志，寓情于景，寓意于形。如拙政园内大部分的景观、建筑都围绕着水的主题，因水成园，恰恰突出江南水乡的特色。中园有一主景——“荷风四面亭”，四面环水，池内荷花“出污泥而不染，濯清涟而不妖”，以情立意，以情传神，充分表达园主清新脱俗的思想心境。又如“海棠春坞”，白墙为底，竹子、书带草、太湖石俨然一张酷似国画山水小品的佳作。透过日光和月光的照射，墙移花影，树荫匝地，产生极高的审美意境和艺术价值。拙政园另一大特色是借景。采用借景的手法，一些园林之外的景色，也被纳入园里。正如计成在《园冶》一书中总结“园林巧于因借”、“构园无格，借景在因”。游览者移步换景，苏州的北寺塔与拙政园便构成一幅完美的立体画，堪称人间一绝。还有一处令人称道的别致景观便是西部的波形水廊，它造型曲折有致，起伏自然，连接南北两岸的景点，以一种波纹般的韵律，构成了一道十分独特的风景线。不管是借入远景之壮观还是园林造景之秀美，作者都以山水诗画的幽雅蕴藉来取舍。东部疏朗旷逸，追求田园之味，中部楼台错落，一派典雅之姿，西部曲径回环，极有隐逸之趣，无不体现了文人园林的意境追求。著名教育家文学家叶圣陶曾这样盛赞苏州园林：“设计者和匠师一致追求的是：务求使游览者无论站在哪个点上，眼前总是一幅完美的图画，为了达到这个目的，他们讲究亭台轩榭的布局，讲究假山池沼的配合，讲究花草树木的映衬，讲究近景远景的层次，总之，一切都为构成完美的图画而存在，决不允许有欠美、伤美的败笔。”①

第三节　晚明江南文人园林的美学思想

明代末期，文人园林在经济、文化发达的江南地区继续发展，呈现极盛局面。思想的主流格调必然在一定程度上影响到民间造园活动，这一时期的文人园林更多地以雅逸恬淡的生活态度为宗，追

① 吴学锋：《文人画对中国古典园林设计艺术思想的影响》，载《浙江林学院学报》2005 年第 2 期。

求隐逸遁世、返璞归真的人生目标，这成为当时社会品鉴园林艺术的最高标准。同时，那些儒商合一的富商巨贾，也纷纷效仿文人建造私园，不可避免地使文人园林沾染上一些“市井俗气”，这种附庸风雅的风格也成为晚明文人园林的一大特色。

一、崇尚“宛自天开”之趣

江南园林是一门通过人工艺术构思，对自然山水进行浓缩凝练的艺术。其最终目的是为了在咫尺之地再现出清幽秀丽的自然真山水之美，这就是“有真为假，做假成真”的园林美学思想。这种“真”境界的实现，必须依赖于园艺家对自然山水规律性的充分把握与巧妙运用。明代万历后期以来，造园匠师们遵循“师法自然”的原则，崇尚自然之天然情趣，以求“虽由人作，宛自天开”之园林意境，从而体现出园林自然质朴，不雕不凿的美感。

晚明江南两位杰出的造园匠师——张南垣、计成开创了文人园林的新篇章。这一时期，山石景、池水景、建筑景和植物景营造在造园理念和构建技法上都发生了剧烈转变。造园匠师们不再关注奇峰怪石，而是转入到对整体假山形态、尤其是对诗画意境的追求。张南垣最为出名的叠山技法，是以土山为主，再“错之以石”，“强调截溪断谷，再现大自然中人们经常可以接触到的山根山脚”①。计成撰写造园专著《园冶》，在“掇山”一章中深入剖析新型叠山的画意宗旨和方法要领，并在常州吴玄所建的“东第园”内，“掇石而高”、“搜土而下”、追求“宛若画意”，成为其叠山理论的实践应用。这种模仿文人画风的叠山风格和理水方式，深受董其昌、陈继儒为首的明末大批名士的赞许和推崇，新的造园思想和鉴赏风潮广为流传。园林中方池趋向减少，而自由式“曲”的形态逐渐推广、并得到更自然化地处理，成为当时乃至当今园林理水的主流方式。抨击华丽风格的文人们，在园林中钟情于营造朴素的建筑形态，明代文士邹迪光在《愚公谷乘》中说，“岭北有楼，

① 曹汛：《略论我国古代园林叠山艺术的发展演变》，载《建筑历史与理论（第1辑）》1980年。

凡三楹，覆以茅茨”，即楼顶要以茅草饰之；又如祁彪佳的《愚山注》中也强调建筑材料要用未加工的初始形态，即“斫松茸茅，不加雕垩”。植物往往成为与山、石、水相呼应的配景，如计成在《园冶》中描述：“予观其基形最高，而穷其源最深，乔木参天，虬枝拂地……合乔木参差山腰，蟠根嵌石，宛若画意。”充分利用“乔木参天”的植物条件，营造荫蔽幽深的园林境界，并且同假山叠石一起形成“宛若画意”的效果。可见，山水营造、花木配置和景观构筑都是江南文人园林中对自然景物一种具有文心匠意的演绎，集中体现文人士流对自然的依恋之情。

二、鉴赏“拳石勺水”之境

江南园林因空间范围的狭小，其内呈现的有限元素都是经过造园主独具匠心的概括和凝练而成，极具典型性和喻意性。“石令人古，水使人远，园林水石最不可无，要须回环峭拔，安插得宜，一峰则太华千寻，一勺则江湖万里也。又须修竹老木，怪藤槐树，交覆角立，苍崖碧涧，奔泉泛流，如入深岩绝壑之中，乃为名区胜地也”①。可谓是拳石勺水，移天缩地。花木、水池、曲径、湖石皆成小景，都是造园大师们抒发情感、寄托意境、思想交流的一种手段。园林建筑通过这些典型性形象，唤起人们的联想，使人游于其中而恍若置身于真山水中，这是园林建筑以有限寓无限的基本特征。

晚明时期，江南地区地狭人稠，私家园林日益兴盛。在这区区空间内再现丰富内容，成了当时园林艺术家们亟待解决的要务。造园主巧妙地营建许多廊、亭、轩、榭等小型建筑，用以分隔空间和借景，从而缓解了空间狭小的矛盾。通过分隔空间的手法，在园林内组成各个不同的景点，增加景物的层次，使游者在游赏之时所获得的景观，随着空间不断变化而大为增加。借景在当时被视为“林园之最要者”②。明末著名造园家计成所著《园冶》一书中提

① 《长物志校注》卷三。

② 《园冶》卷十。

出“兴造论”，强调“园林巧于因借，精在体宜”；“泉流石注，互相借资”；“俗则屏之，嘉则收之”；“借者园虽别内外，得景则无拘远近”等基本原则。对此，造园匠师们利用窗户的独特造型来达到借景的目的，如制造便面窗、尺幅窗、梅窗，“纳千顷之汪洋，收四时之烂漫”①，不仅把园外一切美景尽收眼底，而且还把风声、雨声、鸟语、花香等无形之景尽纳园中，从而引起无穷的联想和隽永的回味。为了丰富园林的内容，当时一些造园主还尽可能采用一切艺术手段来增加园林的美感。甚至有的从甬道铺设花纹、建筑增饰纹样等一些细节变化来捕捉美的丰富性。经过造园家独特构思之后，有限的空间已不仅仅是一幅平淡的自然山水图，而是一个柳暗花明、含蓄深邃的宽阔天地。园林的这种“芥子而纳须弥”的特性，与“尺幅之内，孕千里之势”的中国山水画有着异曲同工之妙，而其立体的感觉则是其他造型艺术所无法比拟的。

三、追求雅致个性之美

江南园林艺术设计主要倾向于“法天贵真，不拘于俗”② 的美学理念，这与老庄哲学、隐逸思想素有渊源。晚明江南造园家对园林建筑构建元素上简洁大雅的要求，即明显地反映了这种倾向。明代著名园艺家计成主张古朴素雅的艺术风格，反对冗杂繁琐的雕镂，他在《园冶》一书中反复指出“升拱不让雕鸾，门枕胡为镂鼓，时遵雅朴，古摘端方，色彩虽佳，本色加之青绿，雕镂易俗，花空嵌以仙禽”，　“历来墙垣，凭匠作雕琢花鸟仙兽，以为巧制，……市俗村愚之所以为也，高明而慎之”③。随后，文震亨在其《长物志》中，深入阐述了这种崇雅反俗的思想。他以为，一个脱俗的文人，着衣要“娴雅”，“居城市有儒者之风，入山林有隐逸气象”，不必“染五采，饰文缋”，“侈靡斗丽”，“随方制象，各有所宜，宁古无时，宁朴无巧，宁俭无俗，至于萧疏雅洁，又本

① 《长物志校注》卷三。

② 《庄子·渔父》。

③ （明）计成：《园冶》卷三。

性非强作解事者所得轻义矣”①。

明末清初，“泛文人化”的造园活动兴起，墨守成规、蹈袭覆辙的现象日趋严重，出现许多“乃至兴造一事，则必肖人之堂以为堂，窥人之户以立户，稍有不合，不以为得，反以为耻”②，极大地限制了某些造园匠师的水平。特别是一些王侯贵戚“掷盈千累万之资以治园圃，必先谕大匠曰：亭则法某人之制，榭则遵谁氏之规，勿使稍异”③，纷纷效仿名园而引以为豪。针对这一现象，造园家开始着眼于求新求异，园林应具有自己的独特美感，才能令游览者产生共鸣，从而流连忘返于其间。如计成提出的“独抒比灵”，李渔强调“自出手眼，标新创异”。崇尚独创的思想，逐渐成为园林艺术不断推陈出新的重要动力。特别值得一提的是，李渔所建伊园，仅为“山麓新开一草堂，容身小屋及肩墙”④，远远不及其他园林的浩大幽深，但这个充满个性的“小屋”却别有一番洞天，在其中“窗临水曲琴书润，人读花间字句香”，处处洋溢着文人清新脱俗的气质。

第四节 “隐逸”文化与《长物志》造园思想

隐逸，是中国一种古老的文化现象，也是中国士人文化体系中的重要特色，以老庄道家思想为哲学基础，是古代士人保持人格独立的一种处世哲学。商周之际“伯夷、叔齐”的隐逸行为得到先秦儒家创始人孔子的肯定，开中国隐逸文化之先河。孔子自己也说过“邦有道则仕，邦无道则隐”⑤，之后，孟子也曾说“穷则独善其身，达则兼济天下。”⑥ 为了寻求一种能实现精神与肉体彻底解放、自由超脱的性灵空间，文人士流选择归隐林下以捍卫其清逸脱

① 《长物志校注》卷一。

② （清）李渔：《闲情偶寄》卷四。

③ 《长物志校注》卷一。

④ （清）阮葵生：《茶余客话》卷九。

⑤ 《论语・卫灵公》。

⑥ 《孟子・尽心上》。

俗的品格志趣，构建园林以抒发其萧致淡泊的人文情怀。

一、空间之“宜”

《长物志》中“位置”卷道：“位置之法，繁简不同，寒暑各异，高堂广榭，曲房奥室，各有所宜，即如图书鼎彝之属，亦须安设得所，方如图画。”① 陈设根据环境的繁简大小和寒暑易节而变化，要在一个“宜”字——与环境谐调，才能得其归所，形成图画般的整体美和错综美。例如，小室乃园主自省、修行之地，其设计理念是以简洁大雅为宗；山斋是寄情休闲之处，其设计风格要与主人的情趣相宜；堂是古代人会见宾客之所，要满足其社交伦理和礼仪文化的需求；亭台楼榭的造型则应古朴雅致，与周围自然风光浑然一体。所谓山斋、亭榭是随地之宜，小室与堂则是功能之宜。不片面追求高大奢丽，而重在适宜——“尚用”之宜。“位置”卷中家具、器物陈设方式的描绘体现了文人士大夫的优雅生活经验，实用性与艺术性的统一。书斋中的坐几，即书桌，“设于室中左偏东向，不可迫近窗槛，以逼风日”。放置于左偏东向，主人在坐几摆入的相对静谧的一侧读书写作，既能便于受光，又可避免处于正中而落入对称格局。而不迫近窗槛以免受烈日风邪侵扰，更利于保持身体的健康，这都正好印证士人超然淡泊的人生追求。

《长物志》的位置经营反映了文震亨对空间的把握与运用。同时，他在造园空间构想上也追求一个“互动”，空间之间的“互借”，广泛采用“先藏后露，欲扬先抑”的艺术手法。园内用建筑、花木、围墙、假山来阻隔视线，同时又用曲廊、曲桥曲径、漏窗，使人在一个位置上总是只能看见一小部分景致，须经几番琢磨，才能体会其中奥妙。这些隐逸情怀的丰富内涵和表现手法大大提高了中国古典文人园林的艺术感染力。

二、造型之“简”

诚然，“崇雅反俗”的美学思想始终贯穿于整个《长物志》之

---

① 《长物志校注》卷十。

中，也正是在这一重要思想的折射下，文氏要求园林构建元素无论在造型还是纹样上都要做到少而简，俭而雅，坚决反对过分雕镂的装饰设计。文震亨谈及几榻，盛赞“古人制几榻，虽长短广狭不齐，置之斋室必古雅可爱”，而“今人制作，徒取雕绘文饰，以悦俗眼，而古制荡然，令人慨叹实深”；镜则需以“光背质厚无文者为上”，质，为质朴、木性、木质之意，文是相对于质的饰。质无文之厚质，在事物层体现为实用，是衡量设计价值的根本标准。无文则是从精神层面而言，是一种追求简雅萧疏的审美向度，以及归隐山林的恬淡心态。通过这一造物法则构造其境，与士人心性相适，达到物于物、不役于物的境界，正所谓“明窗净几，以绝无一物为佳者”。诚如《长物志》序中沈春泽所言：“贵其爽而倩，古而洁也。”这种对“古朴”、“古雅”、“古制”的追求与明代士人典雅的风范相得益彰，与中国文士散朗虚旷的人格有一种内在的“同构”。宗白华先生总结了中国美学史上两种不同的审美理想：“错彩镂金，雕绘满眼”之美与“初发芙蓉，自然可爱”之美。显然第二种“初发芙蓉”之美与《长物志》中所传达的简约雅致的审美取向是一致的。同时，这种造园艺术也在一定程度上通过曲折隐晦的方式折射出人们渴望摆脱封建礼教束缚、憧憬返璞归真的意愿。

三、景观之“意”

明末著名的造园家文震亨，虽以精于营构闻名，然而在他对园林的理解上，也同样充满了丰富的情感体验和人文意趣。文震亨精通琴棋书画，具有较高的文化素养，他将自己内心的隐逸理想外化到一方小小的园林空间中，尤其讲究营造居室园林的诗情画意。如“舟车”卷写小船：“系舟于柳荫曲岸，执竿垂钓，弄风吟月。”景观中，一车一船一草一木不再是孤立的存在，也不再是纯客体的“物”。物物融于造化，物物“皆着我之色彩”，才是中国造园的最高境界。“园之佳者如诗之绝句，词之小令，皆以少胜多，皆不尽之意，寥寥几笔，弦外之音，犹绕梁音”①。江南园林的空间范围

① 陈从周：《园林谈丛》，上海文化出版社 1980 年版。

较为狭小，园林内各种要素极具典型性和喻意性。通过这些典型形象，唤起游园者的联想，使人游于其中而恍若置身于自然山水中，这正是园林建筑以有限寓无限的基本特色。于是，建筑空间成为设计者与欣赏者心灵沟通的桥梁，他们共同在景物中寄托深远意境，追求象外之意趣、神韵，使物境与心境融为一体，他们充分发挥心灵的能动作用，在具体景物设置中，总是可能多地酿成一种心理氛围或情韵氛围，使人涉足成趣，从有限的物态景观中感悟到无限的生命真谛和自然境界。园中的一木一石，一山一水，组合出别样的境遇，停留期间，使人深切地体会到园主的隐世情怀。这些文人雅士，在所营造的美学意境中享受着一种清雅的文化生活，可以观花玩水，植树种竹，弹琴吟诗，再通过这样的体验，重新找回失去的自我。

第五节　本章小结

明末时期江南园林得到前所未有的发展，除江南具有营造园林得天独厚的自然条件外，还与当时社会的政治、经济、文化思想等多元因素有着密切联系。本章通过剖析晚明江南文人园林体系的社会背景和总体特征，旨在揭示文人园林所蕴藉的美学思想，并特别关注“隐逸”文化在中国传统园林设计中的体现。

第四章　文震亨造物功能观——“制具尚用，厚质无文”

第一节　“以用为本”

明代是一个“实学兴起的时代，明代前期对理学的研究取而代之的是实学之兴起，设计思想比以往任何时期更加务实，许多文人志士感到百工技艺之事的重要，亦有不少专著问世。中国古典园林、明式家具等均成为中华文化之代表而名震中外。著名的《天工开物》作者宋应星便生活在与文震亨差不多同时期。此外，还有李渔的《闲情偶记》、高濂的《燕闲清赏笺》、计成的《园冶》等。

“凡人制物，务使人人可备，家家可用”。类似于建造房屋，“居宅无论精细，总以能避风雨为贵。常有画栋雕梁，琼楼玉栏，而止可娱晴，不堪坐雨者，非失之太敞，则病于过峻”。譬如一些陈设摆件，“无他智巧，总以多容善拿为贵。尝有制体极大而所容甚少，反不若渺小其形而宽大其腹，有事半功倍之势者”。李渔指出，造物的基本原则是满足人们日常生活的需要，首先实现物的功能要求，物的形式必须服务于物的功能，功能是造物的首先要考虑的。同时，李渔还提出“制体宜坚”的观点，他认为“窗权以明透为先，栏杆以玲珑为主。然此皆属第二义，其首重者，止在一字之坚，坚而后论工拙”。可见，“坚”是李渔倍加推崇的，房屋的结实耐用是第一位，窗权、栏杆的造型是次要问题。由此可见，材质的选择也是满足造物功能需求的必要条件。

明式家具非常符合人体功能尺度，坐靠舒适更符合人体工学标准，椅子的靠背和扶手的曲度都基本适合于人体的曲线。家具整体的长，宽，高，整体与局部的权衡比例都非常适宜，满足了人们的实用需求，长宽高也基本符合人体体形的尺度比例。实用，是明式家具最重要的品质之一。同时，明式家具的功能决定其基本造型。例如，太师椅的背板弧度与人体的脊柱曲线完美贴合而形成优美的造型，其座面下方的“罗锅枨”既形成了视觉上曲直对比的效果，又能增强固定的力度，符合造物的力学原则。

文震亨也秉承“以用为本”的造物思想，经过品鉴形成自己独有的造物观。他在《长物志》第七卷“器具”篇里明确提到“制具尚用”的造物思想，造物的初衷是为了使用，尚“用”是属于涉及物质层面的思想观念，也是工艺造物的基本理论。作为一种物质文化，其价值首先体现为一种物质性——实用性。《长物志》卷十二“香茗”篇中就茶具的选材，文氏指出：“茶壶以砂者为上，盖既不夺香，又无熟汤气。”茶壶材质选用砂质为最好，它既不夺茶香，又无熟水味。比起其他材质的茶壶，其茶味愈发香醇芳郁，且能持久保温。《长物志》中多推荐砂质的器具，因为紫砂是一种双重气孔结构的多孔性材质，其气孔微细，密度较高，所以紫砂器皿透气性佳且不易渗漏（如图 4-1 所示）。文氏认为：“以砂为之，制如碗式，上下二层。上层底穿数孔，用洗茶，沙垢皆从孔中流出，最便。”用砂器制成像碗一样的茶洗，有上下两层，上层底部有若干小孔，洗茶时，沙子杂质就能顺着小孔流出，这个独具匠心的设计方便实用，起到轻巧过滤茶垢的作用。用紫砂材质的茶洗洗茶，不仅能较好地预热茶叶，而且不至于失去原味，茶的色香味也能得到淋漓尽致的发挥。由此可见，造物的过程中满足功能是其首要目的，而材料的选择是更好地服务于“用”，只有选择合适的材料才能更好达到“用”的标准。

一、实用与适用

从“制具尚用”中“实用”的层面来说，人对物的需求是相

图 4-1　紫砂壶

同的。“人无贵贱，家无贫富，饮食器皿皆所必需”①。就“适用”而言，则有不同的等级与审美需求，尤其是来自中上阶层的器物，也表现出浓重的等级观念。中国自商周以来逐渐建立起一套宗法制度，从国到家构筑了以血缘为纽带的等级制度。如果说宗法制度是造物设计的催生剂之一，那么宗法制度文化的不断完善，则是推动造物设计发展的重要动因之一。具体而言，等级观在造物的数量、形制、色彩、装饰、材质等诸多方面都有所体现。平民百姓的茶壶和士大夫阶层的茶壶在审美层面上是完全不同的。以皇帝的宝座为例，它是与平民百姓的座椅是不一样的，皇帝的宝座一般都是以“床”作为设计的母型，因为过去古人待客的最高礼遇的地方就是床，所以床是等级最高的家具，而宝座是皇帝坐的，所以它在形制上有别于普通的椅子，设计成床形，这是等级观造成的。在造园活动中也是如此，士大夫园林营造时很少考虑经济因素，可豪华可简约，可安贫乐道，可富甲一方，全看其精神享受和审美价值。由此可见，在古代造物不光是以满足人的“实用功能”，同时也要考虑造物的“适用”功能，是否满足人的人文精神和各个阶层的等级需求。

① （明）文震亨著，海军、田君注释：《长物志图说》，山东画报出版社 2004 年版，第 268 页。

“适”是一个阈值，渗透着文氏的审美观及人格追求，揭示中国古代文人造物美学思想。实用性是物质文化的核心价值体现，文震亨认为，实用性服务于物质生活所需，带来生活的方便与舒适；审美性服务于精神生活所需，带来生活的舒心与愉悦。在尚用的基础上，文震亨追求美，兼顾着实用与审美两个方面。如对于几榻，文震亨既有“坐卧依凭，无不便适”的实用要求，又有“古雅可爱”的审美要求；对于禅椅，选材天台藤，或者古树根，形状如虬龙盘亘，槎牙四出，可挂葫芦瓢、斗笠、数珠等。禅椅虽是天然材质，但须表面光滑，却不露出雕琢的痕迹。明代时，为了强调禅椅的自然天成气质，有人专门在椅背粘上五色灵芝。文震亨认为可利用其横生的枝蔓“挂瓢笠及念珠、瓶钵等器”，从而将自然的审美风味与坐禅的实用需求相结合；对于冬日居所窗户的设计，文震亨考虑到采光的需要，主张“制大眼风窗，眼径尺许”，并提出用几道线缠在窗孔上，这样就既满足了“纸不为风雪所破”的实用性，又顾及了“制亦雅”的审美性。

实用与审美两个方面必须并存，不可偏废。在他看来，元制榻和幅巾虽都具有古雅的审美性，但不便于使用，因此不足取；而“两楹而中置一梁，上设叉手笆”虽实用，但“此皆旧制，而不甚雅”，因此同样也不足取。可见，文震亨对生活之物有着双重的理解与需求，即好用与好看、实用与审美的和谐统一才是生活之“适用物”。

二、空间与尺度

文震亨在造园活动中注重人与建筑，人与空间的关系。在满足实用功能的前提下，更加推崇“适度”的空间概念。就建筑空间而言，古人非常重视尺度合宜，讲究宫室有度，适形为美，适宜生活。如文氏在《长物志》中关于建筑尺度的记载：“自三级以至十级，愈高愈古。”① 门前台阶，应从三级到十级，越高才

① （明）文震亨著，陈植校注：《长物志卷一·室庐·阶》，江苏科学技术出版社1984年版。

越显得古朴。“室”或“间”的尺度，应符合人体尺度，从而构成舒适的室内空间。诸多古籍对中国古代建筑礼制尺度都有规定，如《论衡·别通篇》：“宅以一丈之地为内。”内即内室，或内间，实际是以“人形一丈，正形也”为标准而权衡的①。这样的室或间又有“丈室”、“方丈”之称，这样的“室”或“间”构成多开间建筑，进而组成庭院或更大规模的建筑组群。在传统园林建筑空间构成中，除遵循礼制要求以外，还要尽量满足居住者的现实需求、园林空间艺术的组织需要，以及与环境配合的实际要求。

李渔也有他对空间的理解。他注重人的尺度把握，包括考虑人的需求，人与空间的大小、比例、尺度关系。李渔指出“人不能无屋”，承认人的客观需求的同时，指出“吾愿显者之居，勿太高广”。对于一些贵族富户喜好“堂高数仞，榱题数尺”之房屋，笠翁直言，“宜于夏而不宜于冬”；对于“及肩之墙，容膝之屋”，“适于主而不适于宾”；登豪门显贵之家，“令人不寒而栗”；造“寒士之庐”，让人感到窘迫。“房屋与人，欲其相称”，造物在宜的尺度是需要把握的。从人的角度出发，“使显者之躯，能如汤文之九尺十尺，则高数仞为宜，不则堂愈高而人愈觉其矮，地愈宽而体愈形其瘠，何如略小其堂，而宽大其身之为得乎”？② 如果达官显贵的身躯能像商汤、周文王那样高达九尺十尺，那么房屋高达数丈就十分合适。不然的话，房屋越高，人越显得矮，地面越宽，人越显得瘦小。何不把房屋建得小一些，让人显得高大一些呢？正如山水画法所述“丈山尺树，寸马豆人”。以人的客观生理条件为设计尺度，使物与人相称。同时，不同空间也是为满足人不同的生活功能需求。又如《长物志》“室庐”卷，分别指出了堂、楼、斋、房、茶寮、佛堂、琴房、浴室的功能特点和设计原则。例如：“堂”与“斋”由于功能和用途不同，在设计原则上差别很大。文

---

① 张盛梅，孙健，李建桥：《礼制文化与中国古代建筑》，载《科技创新导报》2008年第21期。

② （清）李渔：《闲情偶寄》，上海古籍出版社2000年版，第180页。

震亨说“堂之制，宜宏敞精丽，前后须层轩广，庭廊庑俱可容一席”①。而斋“宜明净，不可太敞…或由廊以入，俱随地所宜中厅亦须稍广”②。计成在《园冶》中也对斋和堂的区别作了类似的论述“斋较堂，惟气茂而致敛，盖修密之处式不宜敞显”。③

文震亨在造物的尺度上更要求适用。“……更见元制榻，长一丈五尺，阔二尺余，上无屏者，盖古人连床夜卧，以足抵足，其制亦古，然今却不适用。”由于生活习惯和方式与古人的不同，所以文氏说元制榻“其制亦古，然今却不适用"。“书橱”的尺度是深度上只可以容一尺的尺寸，每格可以容纳十本书为限，这样就便于取阅。椅：“宜高不宜矮，宜阔不宜狭…踏足处，须以竹镶之，庶历久不坏。”在椅子踏脚处镶上竹子，由于竹子材质韧性较好，耐用性比较高，可见文氏处处都是以适用的功能出发的。对于书桌：“书桌中心取阔大，四周镶边，阔仅半寸许，足稍矮而细，则其制自古。凡狭长混角诸俗式，俱不可用。”因为古代文人要求书桌能够铺开书卷，欣赏书画，因此要求桌面阔大，而狭长者不适用。脚凳，“以木制滚凳，长二尺，阔六寸，高如常式，中分一铛，内二空，中东圆木二根，两头留轴转动，以脚踹轴，滚动往来，盖涌泉六精气所在，以运动为妙”。脚蹬为踏脚之用，实为歇脚和健体之具，其设计足体现了脚蹬的适用功能。家具整体的长，宽，高，整体与局部的权衡比例都非常适宜，满足了人们的适用要求，长宽高低也基本符合人体体形的尺度比例（如图 4-2 所示）。

三、纹样与材质

传统园林建筑的纹样设计植根于中国传统文化，通过对各种材质如木材、石材、砖瓦等人为地加工，形成独特的装饰形态，通常

① （明）文震亨著，海军、田君注释：《长物志图说》，山东画报出版社 2004 年版，第 13 页。

② （明）文震亨著，海军、田君注释：《长物志图说》，山东画报出版社 2004 年版，第 14 页。

③ （明）计成著，胡天寿译著：《园冶》，重庆出版社 2009 年版，第 72 页。

图 4-2 书桌

同时具有功能性和装饰性。中国传统设计在装饰上采用含蓄手法，主要有谐音、隐喻和象征等。以谐音为媒介，在视觉形象与文化内涵之间建立象征与被象征的关系，并以隐喻方式表达祈福求吉的愿望。通过语音上的联系，以某种方式把图样作为一种祈福符号来使用。如“蝠”与“福”谐音，蝙蝠就意味着福运、福气。以蝙蝠为中心，形成了数量庞大的洪福类吉祥图案，如“福在眼前”、“平安五福自天来”等①。又如“桂”同“贵”，“瓶”同“平”，“鱼”同“余”，等等。民间装饰图案在艺术实践中形成了许多约定俗成的象征符号，其含义都是世代传承的，如牡丹象征富贵，玉兰象征长春，芙蓉象征荣华富贵，松柏寓意长寿安康，琴棋书画象征文明高雅，葫芦表示多子多孙，对鱼、鸳鸯表示“成双成对”，等等（如图 4-3 所示）。

匠心独运的纹理式样是一种艺术符号，是一种特殊的民族语言，具有丰富内涵和外延，给园林建筑注入了灵气，也给整个园林增添了一丝灵动和秀巧，有着极高的美学价值。园林的建筑装饰主要呈现出的是一种图案美。康德曾说：“在建筑和庭园艺术里，就它们是美的艺术来说，本质的东西是图案设计，只有它才不是单纯

① 赵春光：《中国传统室内设计的设计美学》，载《浙江工艺美术》2007 年第 2 期。

图 4-3 带有纹路的门

地满足感官，而是通过它的形式来使人愉快。”① 园林中各种建筑图案形式大多取材于日常生活和社会实践，涉及天地自然、祥禽瑞兽、花卉人物、文字古器等，在一定程度上是社会文化、风俗习惯、审美艺术观的集中体现。尤其是一些有文人画风的雕饰纹样，清雅脱俗兼具儒者之风，成为园林内门、窗、栏杆图腾式样的集萃。崇文心理直接导致了对文化名人风雅韵事的追慕，士大夫文人尚人品、尚文品，标榜清雅、清高②。文震亨《长物志》道：“门环得古青绿蝶兽面，或天鸡饕餮之属，钉于上为佳，不则用青铜或精铁，如旧式铸成亦可，黄白铜俱不可用也。”③ 蝴蝶所象征的是一种唯美、超脱、敏感而脆弱的性格。庄子曾以“蝴蝶”自喻，他认为死亡未必不是一种对肉体和现实束缚的解脱。在封建专制社会暴力政治的压迫下，文人士流虽心怀美好的愿望，却无力与恶势力相抗衡，于是只有把希望寄托于另一个虚幻的梦境。在文人所造私家园林中，他们逃避丑陋的现实，苦苦寻求心灵的慰藉。例如，

① 朱光潜：《西方美学史·下卷》，人民文学出版社 1964 年版，第 18 页。

② 曹林娣：《中华文化的“博物志”——略论苏州园林建筑装饰图案》，载《苏州大学学报（哲学社会科学版）》2007 年第 4 期。

③ （明）文震亨著，陈植校注：《长物志·卷一·室庐·门》，江苏科学技术出版社 1984 年版，第 20 页。

天鸡是传说中的神鸡，南朝梁任昉《述异记》卷下有记载：“东南有桃都山，上有大树……上有天鸡，曰初出，照此木，天鸡则鸣，天下鸡皆随之鸣。”可见，天鸡、饕餮都是青铜器上常见的动物纹样。“饕餮”这一青铜时代的至尊，却已然踪影难寻了。传说龙生九子，其第五子叫饕餮，是上古一种凶猛且残忍的魔兽。饕餮纹一般以动物面目形象出现，具有虫、鱼、鸟、兽等动物的特征，隐喻当时社会的黑暗势力。以饕餮来寄托自己的感情，文人借以排解对现实不满的抵触情绪。又如“亭、榭、廊、庑，可用朱栏及鹅颈承坐；堂中须以巨木雕如石栏，而空其中。顶用柿顶，朱饰，中用荷叶宝瓶，绿饰；……”① 佛教艺术常常以莲荷作为重要的装饰纹样，其核心象征意义是圣洁、秀雅。古人认为荷花是高雅纯洁的象征，常暗喻不染俗尘的高尚君子。而且荷叶谐音“和好”、“和睦”，具有吉祥之意。宝瓶也是取平的谐音，象征平安幸福。再则，瓶又是佛教观音菩萨的法器，施法救难，又象征着驱邪吉祥。装饰图案是表象思维的产物，大多可以凭借直觉通过感受接受文化，一般人对形象的感受能力大大超过了抽象思维能力，图案正是对文化的一种“视觉传承”②。园林里大量建筑装饰图案题材是历史的物化、物化的历史，既浓缩了中华民俗精华，又映射出士大夫文化儒雅之气。

色彩也是影响园林建筑风格的重要因素，主要是通过建筑材质来体现。建筑选材时，既要注意建筑对构建景观所起的作用，也要考虑周围环境的色彩与格调。《长物志》中有记载：“漆惟朱、紫、黑三色，余不可用。”③ 在中国古代，朱色是高贵富有的象征，所谓“朱门”、“朱轩”、“朱轮”是富庶人家的屋舍、建筑和车辆的装饰用色。紫色则是最尊贵的颜色，正所谓“紫气东来”。论及黑

---

① （明）文震亨著，陈植校注：《长物志·卷一·室庐·栏干》，江苏科学技术出版社1984年版，第25页。

② 王惕：《中华美术民俗》，中国人民大学出版社1996年版，第31页。

③ （明）文震亨著，陈植校注：《长物志卷一·室庐·阶》，江苏科学技术出版社1984年版。

色，要追溯到道家“玄学”。“玄”即是黑色，是幽冥之色。道家崇尚黑色，认为黑色是高居于其他一切色之上的色彩。明代，中国文人画的色彩主张受道家色彩观影响深远，对墨色崇拜，主张“墨分五色”，“不施丹青，光彩照人”。深受独特气候、美学文化及哲学思想的影响，在江南私家园林中形成了其独特的黑白光影之美。多数庭院中的建筑，外观色相基本上都是白墙、黑瓦、栗柱，以单纯朴素的色泽构成不温不火的中性基调，淡妆素裹，朴实无华，毫无视觉上的耀眼刺激，细微处都渗透着文人的雅致、朴素，具有与皇家园林截然不同的质感与色彩。例如，苏州园林中多处出现的半亭，依附主建筑的墙垣，两角高高翘起，青瓦屋顶、棕色廊坊、白粉墙面相互映衬，假山环绕其旁，色彩素洁，线条秀美，如同如一幅水墨画跃然纸上，显得格外清秀典雅。

以建筑衬托和点缀环境，要尽量与环境取得协调，园林建筑在选材上应注意在色彩上不能过分夺目，质感上要尽量接近自然。如文人造园是以“古雅”著称于天下，其园林建筑多取材于自然，不尚雕饰，以天然简朴取胜，一派文人水墨的清幽。文震亨的《长物志》道：“石栏最古，第近于琳宫、梵宇，及人家冢墓。傍池或可用；然不如石莲柱二，木栏为雅。柱不可过高，亦不可雕鸟兽形。”① 栏杆是传统园林建筑中比较常见的组成部分，无论走廊、桥栈、花池、楼阁、台榭等，都以栏杆将园林划分成不同区域。中国传统园林建筑中栏杆的材料有很多种，以石为“古”，木为“雅”。式样简洁的栏杆造型可以起到点缀环境的作用，但切忌饰以鸟兽等复杂的图样。李渔的一些园林美学理论也以“适宜”为设计宗旨。他提出：“窗棂以明透为先，栏杆以玲珑为主，然此皆属第二义；具首重者，止在一家之坚，坚而后论工拙。”② 坚决摒弃那种追求浮华、本末倒置之风，无论是园林景观设计，还是建筑构造都须以实用为主，李渔的这种思想无疑对中国古典园林发展起

① 张盛梅、孙健、李建桥：《礼制文化与中国古代建筑》，载《科技创新导报》2008年第21期。

② （清）李渔著：《闲情偶寄·居室·器玩部》。

到了积极作用。

中国传统造物思想提倡"天人相筹，唯物是美"的朴素标准，木材自然是最典型的代表。中国传统造园也选用木材作为主要的建筑材料。文震亨《长物志》道："用木为格，以湘妃竹横斜钉之，或四或二，不可用六。两旁用板为春贴，必随意取唐联佳者刻于上。若用石梱，必须板扉。石用方厚浑朴，庶不涉俗。"① 湘妃竹，竿部生黑色斑点，颇为美丽。常用于园林绿化中，是园林中优良观赏的竹种。关于湘妃竹的传说，民间多有记载。晋人张华《博物志》述："尧之女，舜之二妃，曰：'湘夫人。'帝崩，二妃啼，以涕挥竹，竹尽斑。"尧帝将其两个女儿——娥皇与女英，都嫁给了舜。娥皇、女英二人聪明、坚贞、仁慈，一直辅佐舜为百姓谋福利。舜常常出外巡视，认真考察诸侯政绩，赏罚分明，受到天下人的拥护和爱戴。舜晚年时期，南方衡山一带有苗部落发动叛乱，他亲自南征，不幸死于苍梧之野。得此噩耗，娥皇、女英悲痛之极，遂欲寻找舜墓。至九嶷山，二人被湘水所阻，就在江边抱头痛哭，伤心的泪水洒在竹子上，竹子上留下了斑斑泪痕。历代文人雅士对此多有题咏，唐朝诗人李贺有《湘妃竹》诗："筠竹千年老不死，长伴神娥盖湘水。蛮娘吟弄满寒空，九山静绿泪花红。离鸾别凤梧烟中，巫云蜀雨遥相通。幽悉秋气上青枫，凉夜波间吟古龙。"唐代诗人高骈也曾写有《湘浦曲》："虞帝南巡去不还，二妃幽怨水云间。当时垂泪知多少，直到如今竹尚斑。""湘妃竹"隐喻娥皇、女英二人的忠贞情怀和高尚气节，这恰与文人士流雅洁坦荡的精神内涵相吻合。石则要以"方厚浑朴"、"庶不涉俗"为佳品。这些生活理念在园林中无处不在，以饱含隐逸文化寓意的纹理样式，简洁明确地表达士人超然脱俗的生活愿望，不仅带来一定的美学艺术效果，而且体现出园主的个人爱好和艺术品位。

建筑装饰的纹样、色彩、材质反映了民族哲学、文学、宗教、艺术审美观念及风土人情等。因此，中国古典园林建筑成为中华民

---

① （明）文震亨著，陈植校注：《长物志·卷一·室庐·窗》，江苏科学技术出版社 1984 年版，第 23 页。

族古老的记忆符号最为集中的信息载体。园林装饰是物化的历史，更是生动形象的真、善、美文化教科书。园林装饰纹样是表象思维的产物，游览者可以通过感官直接感受文化，这也正是用于对文化的一种视觉和思想传承。

第二节　“文质合一”

“文”与“质”相辅相成，代表对立统一的美学思想。“文”，指多种色彩的线条交相辉映而形成美妙的视觉形象，进而演化为附加于物质之上的形式美，还可以引申为人的外在行为。“质”，指本体、本性，引申为人的内在品格。孔子一贯主张“文质兼备”，即强调君子外在的仪态风度与内在的道德素养是统一的，也是“文质合一”美学思想的具体反映。“文质兼备”饱含着深刻的美学意义，把美的内容诠释与人的社会生活相关联，人类的存在必须融入审美文化教养的形成过程之中，使审美成为人们日常生活不可或缺的一部分。子曰：“质胜于文则野，文胜于质则史，文质彬彬，然后君子。”对君子而言，只有内在思想和外在行为实现和谐统一，才能最终达到“文质彬彬”的要求，这也集中体现了先秦儒家文化的“中和之美”。所谓“文质彬彬”，关键是人的内外兼修，既要遵守公共道德和社会规范，一切外在行为仪态都要合乎“礼”的自我修养，又要不断完善个人思想品格，一切内在意识形态都要强化“仁”的道德修养。所谓“中和之美”，则强调事物的辩证统一，将中庸的哲学理论应用于审美艺术之中，子曰：“《关雎》乐而不淫，哀而不伤。”孔子认为人类的情感表达应该遵循适度原则，切忌“过犹不及”。过分欢愉的情感会演变成一种放纵的享乐——“淫”，反之，极度哀怨的情感则会沦为一种无尽的忧郁——“伤”，这都不是真正的美好。

“中和之美”对传统造物理念有着深远影响，主要表现为以下三个方面：适宜为美，造物的尺度、重量、形制要符合使用的要求；相宜为用，不同属性的材料可以相互搭配；兼容并蓄，各种器物取长补短。“万物负阴而抱阳，中气以为和”。在造物艺术领域中，“文质合一”也恰恰印证了物品的外在形式与内在功能之间的有机统一。为了符合“谦谦君子”对人格的执著追求，器物的制造也要达到“和”的审美境界，即器物的外在形制和内在功能必须保持一种“礼让”关系，最终实现“和”的美学效果。外在形制和内在功能的关系是一对对立统一的矛盾。若仅注重形式而忽略功能，物品就会显现浮夸虚饰之风，若仅强调功能而放弃形式，物品就会过于鄙略粗俗。因此，造物必须处理好二者之间的关系，形制与功能要达到和谐的统一。

特别值得一提的是，明代家具是我国古代家具的典范，其造型简洁明快、工艺制作精良、使用功能完备，堪称巅峰之作。“精简而裁”，见于沈春泽《长物志·序》：“几榻有度，器具有式，位置有定，贵其精而便、简而裁、巧而自然也。”重点强调室内各种陈设饰品的功用及样式，都须以“精致”、“简朴”为准则。“藏锋不露”，比喻不露锋芒，源于明代李东阳《麓堂诗话》：“予独谓高牙大纛，堂堂正正，攻坚而折锐，则刘有一日之长。若藏锋敛锷，出奇制胜，……则于虞有取焉。”明代家具设计中多采用“欲露先藏”的手法，无论是造型、结构还是装饰都蕴含着无限智慧，也是文人隐士内敛性情的有形体现。诚然，这一时期的家具，品种、式样极为丰富，且制作工艺也达到相当高的水平，形成了明代家具隽永古雅、淳朴大方、优美舒适、韵味浓郁的独特风格。

一、造型简练

器具制作，文震亨推崇造型简练。例如，“紫檀雕花以及竹雕花巧人物者，俱不可用”。① 有些地方流行用那些“金银管，象管，玳瑁管，玻璃管，镂金绿沈管，近有紫檀，雕花诸管”等名贵稀有的材料，并制作成造型繁复的笔，文震亨极其反对此种造物观。他偏爱用筇竹为杆，认为竹细节大好把握，大大肯定了用竹制作笔的实用价值。对于喜好奢华富贵的俗人来说，用极普通的竹做

① （明）文震亨著，海军、田君注释：《长物志图说》，山东画报出版社 2004 年版，第 315 页。

笔杆实在是土气。然而，对于追求古朴自然美的雅士来说，朴素适用的筇竹则更为雅致、脱俗。

深受中国传统文化的影响，明末江南私家园林可谓是当时文人所创造的一种生活，一种居住环境和一种文化艺术载体。园林建筑以及家具陈设，都被赋予了“简洁”、“雅致”、“朗逸”、“悠然”的审美情趣和生活理想。当代明式家具研究的著名学者王世襄先生曾提出“十六品”之说来评述明式家具的特色，首当其冲的就是“简练”这一“品”。为了实现园林整体风格上的一致性，家具的制作必须和文人的价值观念及艺术主张相统一。明式家具实质上是中国传统文人士族文化的一种物化方式，较为典型地传达了中国传统文人士族文化的特点和蕴涵。江南私家园林的主人大多是通晓诗词歌赋的文人墨客，他们摒弃“重文轻技”的狭隘观念，亲自参与园林内家具的设计与制作，用文人的审美眼光去推敲家具构造式样，为家具注入了更多的文化内涵。明式家具设计长期浸润着文人的特质，散发出浓郁的文人趣味和书卷气息。强调以线条为主的造型特色，这是明式家具优美形体的灵魂。明式家具外部轮廓的线条变化，因物而异，直曲结合，既表现造型鲜明的形式感，又给人以强烈的线条美。如：明椅的搭脑线形就和中国传统文人文化的“学而优则仕”的观念有着特殊的联系。太师椅（图 4-4），官帽椅（图 4-5）都蕴含着士族文人所寄予的仕途通达之意。

图 4-4　太师椅

图 4-5　官帽椅

在家具的局部处理方面，各式各样的线条运用于各类家具的腿足线型，在相互呼应和富有节奏的组合中表现出独特的美感，使家具获得了鲜明的个性形象。如文震亨《长物志》对壁桌的描述：“壁桌三长短不拘，但不可过阔，飞云、起角、螳螂足诸式，俱可供佛……”① 古时，壁桌是指靠墙安放的桌子，多用来供奉佛祖神明。文氏认为壁桌的造型可以采用飞云、起角、螳螂腿等多种样式，富于变化的设计更能增强景观的视觉效果。又如文震亨《长物志》对几榻的描述：“……忌有四足，或为螳螂腿，下承以板，则可。”② 榻下不要做成四只脚，应做成螳螂腿的形状，下面用木板支撑即可。文氏主张改用螳螂腿状的弧线形设计，使得几榻形体构成的曲直线搭配得当，线型变化协调，因此获得既变化又统一的完美艺术效果。

在家具造型设计中，只用一种线条组合，不能形成对比的效果，往往会显得单调乏味。只用直线组成会使人感到生硬呆板，而仅用曲线组成又会使人感到软弱无力。因此优秀的家具造型多是采用曲直线相结合③。如文震亨《长物志》对几的描述：“几以怪树天生屈曲若环带之半者为之，横生三足，出自天然，摩弄滑泽，置之榻上或蒲团，可倚手顿颡，又见图画中有古人架足而卧者，制亦奇古。”④ 用天然弯曲圆弧状的怪树做成几的脚，则更彰显自然古雅之趣，经过打磨光滑后，放置在榻或者蒲团之上，可用来搁手靠头，古人也曾经在躺卧时用来搁脚，形制也奇特古雅。可见，明式家具式样的线条变化丰富，既符合人的生理需求又别具神韵。此外，各种线脚的变化和运用，也是明代家具线条艺术之美的独特表现手法。如文震亨《长物志》对天然几的描述：“……飞角处不可

① （明）文震亨著，陈植校注：《长物志·卷六·几榻·壁桌》，江苏科学技术出版社 1984 年版，第 233 页。

② （明）文震亨著，陈植校注：《长物志·卷六·几榻·榻》，江苏科学技术出版社 1984 年版，第 226 页。

③ 梁启凡：《家具造型设计》，辽宁科学技术出版社 1985 年版。

④ （明）文震亨著，陈植校注：《长物志·卷六·几榻·几》，江苏科学技术出版社 1984 年版，第 229 页。

太尖，须平圆，乃古式。”① 几案两端起翘的飞角要平滑，不可太尖，这才是古朴的样式。通过各种直线、曲线的不同搭配组合，线与面交接所产生的凹凸效果，达到鲜明的造型效果，极富艺术情趣。对于那些俗气的造型，文震亨一概摒弃。如对书桌的描写："……凡狭长混角诸俗式，俱不可用，漆者尤俗。”② 桌面狭长二圆角等样式，都不可以采用，上了漆的尤其显得庸俗。这些线脚的运用，增添了明式家具造型的趣味和神韵。由于线脚的变换，常常使家具的神态风貌也各异，给人以不同的美的享受。

二、结构精当

明代家具讲究结构精妙。如，专供女性使用的小姐椅，或小脚椅、女儿椅，多见于浙东宁海地区的官宦富贾家中。追溯到古代仕女闺房中陈设的椅式，小姐椅的结构设计更为精致，其背板多以透雕纹饰处理，腿足、线脚、座面、帐子更是各具姿态。透雕图案多为相夫教子图等，除装饰性功能以外，这些纹理图案也宣扬了为人处世之道。按照古代礼制规矩，小姐必须双腿并拢，上身挺直，身体略微前倾，坐在椅子的前半部分。因此，小姐椅比一般的座椅要矮一些，没有扶手，椅面极窄，便于时刻约束女性的仪态举止。小姐椅的用途广泛，既可以用作梳妆、洗脚的椅凳，也可以作为日常使用的座椅。

又如，明代以后流行的架子床，对起居文化产生了深远影响。至此，中国古代的卧具分为架子床或拔步床、榻或者罗汉床，分别供人们大睡和小睡时使用。从结构上看，架子床有帐子，可以通过挂帐实现防寒驱虫的目的。另外，架子床上有顶的设计也可以增强安全感。架子床形成了屋中有屋的概念，是主人比较私密的场所。

明式家具，以其精湛的工艺、精妙的结构、独特的设计而闻名

① （明）文震亨著，陈植校注：《长物志·卷六·几榻·天然几》，江苏科学技术出版社 1984 年版，第 231 页。

② （明）文震亨著，陈植校注：《长物志·卷六·几榻·书桌》，江苏科学技术出版社 1984 年版，第 232 页。

遐迩。如文震亨《长物志》卷七“器具”篇总论中所言：“古人制具尚用，不惜所费，故制作极备，若非后人苟且，上至钟、鼎、刀、剑、盘、匜之属，下至侧理，皆以精良为乐，匪徒铭金石、尚款识而已。”① 可见，古代器具制作极其精致，从钟、鼎、刀、剑、盘、匜到笔墨、纸砚等，都不能马虎粗糙。

根据不同的功用设计不同的结构，使家具牢稳坚固、精巧适用，表现了家具制造的高明技巧。如文震亨《长物志》对书架的描述：“书架有大小二式，大者高七尺余，阔倍之，上设十二格，每格仅可容书十册，以便检取；下格不可以置书，以近地卑湿故也。”② 他认为书架可分为大小两种不同样式，大型书柜应高至七尺左右，宽为高的两倍，分为十二格，每格只能放十册书，便于取放；因为靠近地面容易受潮，所以下面几格不适宜放书。又如文震亨《长物志》对床的描述：“……永嘉、粤东有摺叠者，舟中携置亦便。”③ 折叠床的特殊结构更适宜于舟船，收放自如，携带方便。对脚凳的描述：“……长二尺，阔六寸，高如常式，中分一铛，内二空，中车圆木二根，两头留轴转动，以脚踹轴，滚动往来，盖涌泉穴精气所生，以运动为妙。”④ 将常用的凳子逢中分为两格，车制两根圆木，穿入其间，两端露头作轴，脚蹬轴上来回滚动，可以按摩涌泉穴，达到增加精气的功效。通过对各式各样的细部进行巧妙设计，形成独特的家具样式以满足人们生活的各方面需求。

文氏注重明式家具的功能与形式完美结合，其中，最值得称道的是关于家具接合结构的描述。《长物志》对交床的描述：“交床即古胡床之式，两脚有嵌银、银铰钉圆木者，携以山游，或舟中用

① （明）文震亨著，陈植校注：《长物志·卷七·器具》，江苏科学技术出版社1984年版，第246页。

② （明）文震亨著，陈植校注：《长物志·卷六·几榻·架》，江苏科学技术出版社1984年版，第240页。

③ （明）文震亨著，陈植校注：《长物志·卷六·几榻·床》，江苏科学技术出版社1984年版，第241页。

④ （明）文震亨著，陈植校注：《长物志·卷六·几榻·脚凳》，江苏科学技术出版社1984年版，第244页。

之，最便。”① 所谓交床，是一种有靠背、能折叠的坐具，也称之为胡床（图 4-6）、交椅（图 4-7）、绳床。两脚交叉，用销钉相连接，带着外出游玩或坐船时用，最为便利。针对不同的部分设计不同的连接部件，进而达到各种部件坚固平整、浑然天成的艺术效果，这也正好与我国古典园林中独具风格的木结构家具一脉相承。

图 4-6　胡床

图 4-7　交椅

又如文震亨《长物志》对橱的描述：“……铰钉忌用白铜，以紫铜照旧式，两头尖如梭子，不用钉钉者为佳。”② 文氏特别强调铰链要用紫铜做成梭子形的仿旧样式，最好不用钉钉。通过运用榫卯构造技术，不用钉子以防锈，这种做法不仅科学环保，而且也使得家具造型愈发彰显空灵、透气、轻巧的意蕴。可见，明代造园艺术实践者将家具工艺运用得淋漓尽致，其精良的技艺为世界木工工艺做出了不朽贡献。

① （明）文震亨著，陈植校注：《长物志・卷六・几榻・交床》，江苏科学技术出版社 1984 年版，第 237 页。

② （明）文震亨著，陈植校注：《长物志・卷六・几榻・橱》，江苏科学技术出版社 1984 年版，第 238 页。

三、装饰适度

《长物志》卷六“几榻”的描述：“古人制几榻，必古雅可爱，又坐卧依凭，无所不适。令人制作徒取雕绘纹饰，以悦俗眼，而古制荡然，令人慨叹实深。”① 这种憎恶雕绘纹饰的厚质无文审美思想是同自老庄、陶渊明等延续以柬至晚明审美思想是一致的。明式家具是一种简洁、宁静、清秀、自然的美学风格的集大成者，也正是这种特定的审美理想，使文人士大夫们不爱金玉，而喜瓦砚，把古雅平淡之美与真善相连，将审美理想引向人格道德的升华。文震亨认为文人雅士所使用的家具，应避免“今人制作”，因为它们“徒取雕绘文饰，以悦俗眼”。从现存明式家具来看，这些家具也许有的不是文震亨所指的“古式”，但不尚雕绘，以质地和形态构造美取胜，确实具有普遍性。宗白华曾总结了两种不同的审美理想：“错彩镂金，雕绘满眼之美与初发芙蓉，自然可爱”圆之美。很显然，“初发芙蓉”之美与文震亨的“厚质无文”的审美趋向是一致的。正如沈春泽在序中所言：“贵其精丽便，简而裁也。”这种对古朴、古雅、古制的追求与明代士大夫文人典雅的风范是一致的。

文房四宝的品质和使用一直都是文士阶层最为关注的。就制笔而言，文震亨崇尚典雅美观、朴实轻便，首推纹理自然的斑竹（湘妃竹），而非金银象玉等俗不可用的材料。选墨，从保存时间和适用的角度来看，则应质取其“轻”，烟取其“清”，嗅之“无香”，磨之“无声”。例如晋、唐、宋、元的书画佳作流传数百年，其墨色依然如漆，这才是质量好的精品。纸，也要考虑其耐用性。例如，唐代文人墨客偏爱用黄柏染成的硬黄纸，具有可以杀虫的功能。砚，文震亨认为必须是“天生石子，温润如玉，磨之无声，发墨而不坏笔，真稀世之珍”。② 文人墨客对砚台的样式有一定的

① （明）计成著，胡天寿译注：《园冶》，重庆出版社 2009 年版，第 259 页。

② （明）文震亨著，海军、田君注释：《长物志图说》，山东画报出版社 2004 年版，第 362 页。

审美需求，然而从适用性的角度考虑，其主要的品鉴标准还是以发墨无声、不伤笔为主。

在古代等级制度也体现在对造物材质的选择上。物以稀为贵，通常稀有或新的材料较为贵重，多为统治阶层或上层贵族所掌握，如玉、青铜、金、银、玛瑙、绿松石、珍珠等。而平民百姓因财力有限，只能使用常见且廉价的材料。小至一双筷子，“筷子”又称“箸（筯）”，远在商代就有用象牙制成的筷子。《史记·宋微子世家》中记载“纣始为象箸”。① 用象牙做著，是富贵的标志。做筷子的材料，考究的有金筷、银筷、象牙筷，多为王公贵族或富甲商贾所用，一般百姓多用骨筷和竹筷。

古人在造物时还将材质与等级联系起来，不同的身份地位使用不同的材料，不得僭越。如《隋书》里记载了武将佩剑的要求：“一品，玉器剑，佩山玄玉。二品，金装剑，佩水苍玉。三品及开国子男，五等散品名号侯虽四、五品，并银装剑，佩水苍玉。”②又如明洪武六年，朝廷下诏，庶人装饰用的环，不得用金玉、玛瑙、珊瑚、琥珀的；帽子前面镶嵌的帽珠，只许用水晶、香木的。此外，枕头也是一例，各种质地的枕头，也是使用者等级地位的象征。在已发掘的汉代至三国时期的王侯墓葬中，出土了不少玉枕，大多与金缕玉衣或丝缕玉衣相配套，还有些石枕，出土于贵族墓葬中，上彩绘有复杂精美的纹样，此外也有不少漆木枕或青铜枕。在北京故宫有一个配以须弥座的石枕，坐落在长春宫庭院里东北角大铜缸旁边。此石枕名曰“卧龙枕”，传说是中正殿上的金龙下来休息时所用的枕头。作为下层贵族和普通平民的墓葬里没有贵重材质制作的枕头，也没有华丽的色彩和复杂装饰纹样，而多为普通的木枕或石枕。后来出现了陶瓷枕头，一时间蔚然成风，许多官窑都烧制做工精致，装饰美观的瓷枕。而普通的百姓只能使用简单的粗瓷枕。这些都是枕头在等级观中的具体

① （汉）司马迁著，《史记全译》，第4册，贵州人民出版社2001年版，第1727页。

② （唐）魏征撰：《隋书》，中华书局2000年版，第164页。

表现。

作为我国古代家具的典范，明式家具设计考究、制作精良、装饰适度，完美实现了形式与功能的高度统一，具有独特的古典艺术美。同时，这种艺术美实质上是对当时社会物质精神文明的一种反映。遵循“少即是多”的设计手法，明式家具装饰多以素面为主，少而精致。家具的外表常以很小的面积饰以精细雕镂，点缀装饰在适当的部位，与大体量的整体造型形成张弛有致的对比。

从文中看，作者讨厌无味的装饰。原序将《长物志》的精神以一言概括：“删繁去奢之一言，足以序是编也。”如“几榻”卷描述“古人制几榻……必古雅可爱……今人制作，徒取雕绘纹饰，以悦俗眼……”。由此可见，文震亨对那些只是雕刻装饰以取悦世俗时尚的家具是不屑一顾的。

在《长物志》中少有的装饰也是以高雅、俭朴的简单纹饰为主。如栏杆“卍字者宜闺阁中，不甚古雅；取画图中有可用者，以意成之可也。”① 室庐卷·桥：“板桥忌平板作卍（WAN）字栏”。“卍”字古时是许多部落的一种符咒，后来被古代的一些宗教沿用。随着古代印度佛教的传播，“卍”字传入中国。意思是“吉祥海云相”，也就是呈现在大海云天之间的吉祥象征。“室庐·海论”中“忌为刑字窗旁与填板，忌墙角画各色花鸟。古人最重题壁，今即使顾、陆点染，钟、王濡笔，俱不如素壁为佳”。② 文氏不提倡在墙上画各种花鸟和题词，如今即使让大画家顾恺之、陆探微来作画，大书法家钟繇、王羲之来题字，都不如一壁白墙为好。“忌在梁上椽上描绘花纹图案”。③ “忌用梅花𥸤。堂帘惟温州

① （明）文震亨著，海军、田君注释：《长物志图说》，山东画报出版社 2004 年版，第 9 页。

② （明）文震亨著，海军、田君注释：《长物志图说》，山东画报出版社 2004 年版，第 29 页。

③ （明）文震亨著，海军、田君注释：《长物志图说》，山东画报出版社 2004 年版，第 29 页。

湘竹卫者佳，忌花中如绣补”，忌有“寿山”“福海”之类。① 忌讳有梅花状的窗户和镶嵌有花纹的图案，忌讳有“寿山”、“福海”之类的字。文氏列出了所禁忌的纹样，因为他们已经“过时”了，所以要根据物品的类别，采用相应的形式，使其各自相宜，宁可古旧不可时髦，宁可拙朴不可工巧，宁可俭朴不可媚俗。至于清新雅致的情趣，那本是天性所成，绝非旁人所能讲解透彻的。

在器具卷，文氏融合主观与客观，对具体的装饰纹样和喜好作出了自己的评价。如“器具卷·香合”是用来盛香的容器，在雕刻的花纹和纹样方面“古有一剑环，二花草，三人物”② 之说。香炉如果用木做的话，以乌木为上，紫檀木和花梨木也都可以，但是忌讳用菱花、葵花等凡俗的样式。香筒，李文甫所制的中间雕刻有花鸟、竹石等“略以古简为贵”。笔格，比较俗气的就是用老树根，蟠曲成奇形怪状，或者雕刻为龙形、爪形，这是最忌讳的，不可用。

如文震亨《长物志》对天然几的描述：“……不则用木，如台面阔厚者，空其中，略雕云头，如意之类，不可雕龙凤花草诸俗式。”③ 文氏指出，在几案台面宽厚的地方，可以略微雕刻一些云头、如意之类的图样，切不可以雕刻庸俗的龙凤花草之类的纹样。论及日本人制作的台几，文氏则称之“俱古雅精丽，有镀金镶四角者，有嵌金银片者，有暗花者，价俱甚贵”。又如文震亨《长物志》对箱的描写：“……又有一种差大，式亦古雅，作方胜、缨络等花者，其轻如纸，亦可置卷轴、香药、杂玩，斋中宜多畜以备用。”④ 在稍大一点的箱子表面，可以绘制方胜或各色首饰等图样，

① （明）文震亨著，海军、田君注释：《长物志图说》，山东画报出版社 2004 年版，第 29 页。

② （明）文震亨著，海军、田君注释：《长物志图说》，山东画报出版社 2004 年版，第 293 页。

③ （明）文震亨著，海军、田君注释：《长物志图说》，山东画报出版社 2004 年版，第 29 页。

④ （明）文震亨著，陈植校注：《长物志·卷六·几榻·箱》，江苏科学技术出版社 1984 年版，第 242 页。

轻巧如纸，式样也极其古雅可爱。如文震亨《长物志》对香盒的描写：“香合以宋剔合色如珊瑚者为上，古有一剑环、二花草、三人物之说，又有五色漆胎，刻法深浅，随妆露色，如红花绿叶、黄心黑石者次之。”① 剑环、花草、人物是指雕刻的花样，刻有这三种纹样的红色雕漆盒才能称为上品。秀美雅致的纹样，适度简洁的雕镂，与硬木自然朴素的纹理相得益彰，使明代家具装饰具有一种天然之美和含蓄之韵。

根据室内空间景观设计的整体要求，对家具的端部、底部位置进行恰如其分的局部装饰，可以起到烘托和点缀作用，但是绝对不能喧宾夺主。如文震亨《长物志》对屏的描述：“……以大理石镶下座精细者为贵，次则祁阳石，又次则花蕊石。”② 文氏认为，以精细的做工镶嵌大理石为下座，这是最古雅的屏风式样，其他的祁阳石、花蕊石都较为次之。如文震亨《长物志》对手炉的描述：“……旧铸有俯仰莲坐细钱纹者；有形如匣者，最雅。”③ 在手炉制作工艺中，通常炉的装饰纹样为镂空雕刻，其纹形纷繁复杂，非常精美。文氏认为有简单的莲花座细铜钱花纹的手炉，才最符合文人的典雅气质。又如文震亨《长物志》对坐墩的描述：“……形如小鼓，四角垂流苏者，亦精雅可用。”④ 坐墩是凳类中形象比较特殊的坐具，其造型呈两头小，中间大的腰鼓形，因此而得名鼓墩。明代的坐墩（图 4-8）比较清秀洁净，常在其上面覆盖一方丝绣，所以又被称之为绣墩。文氏认为在坐墩的四角垂吊穗状饰物，也能体现精巧雅致的设计风格。周身的“攒边”都能传达出文人的含蓄、内向的特性，以及明代文人士族所追求的空灵超逸之美。整体

① （明）文震亨著，陈植校注：《长物志·卷七·器具·香盒》，江苏科学技术出版社 1984 年版，第 249~250 页。

② （明）文震亨著，陈植校注：《长物志·卷六·几榻·屏》，江苏科学技术出版社 1984 年版，第 243~244 页。

③ （明）文震亨著，陈植校注：《长物志·卷七·器具·手炉》，江苏科学技术出版社 1984 年版，第 254 页。

④ （明）文震亨著，陈植校注：《长物志·卷七·器具·坐墩》，江苏科学技术出版社 1984 年版，第 286 页。

看来，这些装饰手法都具有朴素与清秀的本色。通过充分利用各自的独特造型，进一步发挥润饰作用，不仅打破平直呆板的家具格调，同时更增添隽永典雅的艺术效果。

图 4-8　坐墩

“厚质无文”从实物层面而言的是指重视造物的内在质地，弱化其外在的表面装饰，朴实无华。文震亨的“厚质无文”造物思想体现的是一种独立的人格精神与追求，是一种独有的工艺审美观，他继承了孔子“文质彬彬”的思想，同时又将其发展成为“厚质无文”的审美观念；另一方面，又继承了老庄的“不为物役”的审美态度。文震亨描述的是一种绚烂之极又归于平淡的意境，是一种“源于物而超越物，源于饰而又超然于饰，源于创意而又归于无意，归于本真、本性的东西，从精神层面上就是一种追求简洁淡雅的审美需求和归隐山林的恬淡心绪。透过物化的技术层面，来揭示文人的精神内涵，或者说是人格和灵魂的一种生活形态。

第三节　“巧夺天工，各得所适”

天工指自然的造化之力，巧夺指人工的巧妙介入，通过巧应妙合天时、地气、材美、工巧诸因素，达到心性与物性、人为与造化的和谐默契，彰显人工天工双重之美。

“巧夺天工”专指人工的精巧胜过天然制成，形容技艺十分高超。详细释义：夺：胜过。巧：精巧。本义：精巧的人工胜过天然。形容技艺极其精巧，多指工艺品。(不能指天然形成的事物)

从审美追求来说，“巧夺天工”一直是中国工艺美术的理想。它折射着中华文化的哲学精神，中国人讲“人天相和”、“天人合一”，这些理念在工艺美术领域的体现就叫“巧夺天工”。它重视人工的夺取之功，却不把人的主观意志一味地强加给材料，而是力求通过切合材料自然特性或生态结构的鬼斧神工，巧妙地取得宛若天成的工造品质和效果。对传统工艺美术来说，这种品质和效果的取得，是心性与物性相得益彰的发显，是尽善尽美、利益天下的理想境地。我们应该在科学发展观的取向上高度重视传统工艺美术“巧夺天工”的思想和实践将蕴含其中的体现中华文化精神的核心价值揭示出来，包括因材施艺、因地制宜的工造作风，巧而得体、精而合宜的人文讲究，独运匠心、宛若天成的艺术表现等。

《淮南子》并不像道家老、庄那样，认为本质上美好的东西是不需要修饰和加工的，其中《修务训》说“曼颊皓齿，形夸骨佳，不待脂粉芳泽而性可说者，西施、阳文也……，虽粉白黛黑弗能为美者，嫫母、仳惟也”。① 这里，它一方面承认，某些特定的审美对象本质上是最美的，具有美的本质，并不必依靠格外加工修饰；另一方面又强调，对于一般审美对象而言，艺术的加工、审美的改造、人工的修饰，就像受教育训练一样的重要和必要。《淮南子》认为即使是西施这样天生丽质的美人，也需要恰当的修饰，恰当的修饰可使之更美。

无论是中国的“天然图画”园林，还是法国的“几何构图”园林，以及英国的“仿东方”风景园，归结为一点，那就是古典园林艺术的永恒法则表现为“巧夺天工、各得所宜”。艺术地再现

① 刘康德：《淮南子直解·说林训》，复旦大学出版社 2001 年版，第 996 页。

自然山水，巧妙地把自然美和人工美结合为一体。古典园林艺术的创造法则很大程度上代表着科学技术和人类文化艺术的发展水准。文震亨在造园活动中也巧妙结合天时、地气、材美、工巧诸要造物要素，达到心性与物性、人为与造化的和谐统一。本于自然，高于自然，把人工美与自然美巧妙地相结合，从而做到“虽由人作，宛自天开”诗情画意，自成一体。

中国古典园林讲究以自然山水作为景观构图主题，园林建筑主要为观赏风景和点缀风景而设置。园林建筑的灵活布置、高低错落、进退曲折，和周围的山水、岩石、树木融为一体，化整为零、协调统一，共同构筑成完美画境。文震亨在园林建筑的位置经营上效仿着明代山水画构图理论。中国画论中的主次、开合、虚实、疏密、藏露等有关空间布局的法则，为传统园林建筑构景和布局打下了坚实基础，这些理论也在现实空间中得到验证和发挥。

一、水景之营造

水体是大自然景观构成中一个重要因素，它既有静止状态的美，又能显示流动状态的美，因而也是一个最活跃的因素。正如《长物志》“水石”卷总论中，文震亨提出：“石令人古，水令人远。园林水石最不可无。要须回环峭拔，安插得宜。一峰则太华千寻，一勺则江湖万里。……苍崖碧涧，奔泉泛流，如入深岩绝壑之中，乃为名区胜地。”① 石令人幽静，水令人旷达。园林中，水、石最不可或缺。上水的峭拔回环，要布局得当，相得益彰。造一山，有壁立千仞之险峻，设一水，具江湖万里之浩渺。加上修竹、古木、怪藤、奇石交错突兀，壁涯深涧，飞泉激流，似入高山深壑之中，如此才算得上名景胜地。中国园林崇尚自然，视山水为园林的灵魂，山与水是园林景观构成必不或缺的要素，是构成自然风景的骨架。一般而言，庭院水体水域面积普遍偏小，园林内开凿的各种水体都是自然界的河、湖、溪、涧、泉、瀑等的艺术缩影。人工

① （明）文震亨著，陈植校注：《长物志·卷三·水石·总论》，江苏科学技术出版社1984年版，第102页。

理水务必做到“虽由人作，宛如天开”，或利用山石点缀岸、矶，或堆砌岛、堤、架桥等，在有限的空间内呈现人造水景之神功，旨在实现“一勺则江湖万里”之意境。

理水

追求自然意趣的中国传统文人园林中，往往将大面积的水域划分成若干相互连通的小型水体，则可因水的源远流长而产生隐约迷离和不可穷尽的幻觉，给人以深邃藏幽之感。中国园林理水着重取“自然”之意，塑造出湖、池、溪、瀑、泉等多种形式的水体。诚如《老子》曰：“人法地，地法天，天法道，道法自然。”所谓“道法自然”，指世间天地万物，无不遵行自然法则规律，无不是得自然本源之功，最终都必然返归于本根。以高度的概括和精辟的语言，“道法自然”深刻揭示了“天人合一”的思想精华，即强调人与自然的统一性，彼此应该互相渗透，才能实现万物和谐的境界。这种天人合一的道家美学观对中国古典园林的理水手法影响深远。

我国古代园林用水，以静态为主，那些临水或绕池而建的园林，都有着清澈如镜的水面，蕴含着静谧、朴实和稳定的美。所谓“清池涵月，洗出千家烟雨”；“越女天下白，鉴湖五月凉”等都是文人对静水的赞美。在园林中以多变的手法处理静水。对于面积有限的小型园林来说，尽量将分散的水流聚集在一起，通过构建曲桥使水域边际或藏或露，达到“山重水复疑无路，柳暗花明又一村”的艺术效果。大型私家园林中，一般存在宽广的水域，则应采取分散处理的方式来利用水体，或平矶曲岸，或小岛长堤，将单一的水面划分成一连串既隔又连、层次丰富、主题各异的水景序列。如《长物志》中道：“凿池自亩以及顷，愈广愈胜。最广者，中可置台榭之属，或长堤横隔，……一望无际，乃称巨浸。若需华整，以文石为岸，朱栏回绕，……最广处可置水阁，必如图画中者佳。”①

① （明）文震亨著，陈植校注：《长物志·卷三·水石·广池》，江苏科学技术出版社1984年版，第102~103页。

根据造园艺术家的审美情趣，人工凿池是园林理水的重要方式。开凿池塘大可纵横数亩至顷，以广阔无垠为最佳。水中可建楼台亭阁，或者长堤横隔，一望无际，堪称浩瀚美景。如果追求华丽风格，可以用文石砌岸，木栏环绕。随水面变化形成若干大大小小的中心，在水域中央可以借助亭台楼阁以形成相对独立的空间环境，或者构建堤坝以分割水面，各空间环境既自成一体又相互连通。根据园林中水体的不同特征，因地制宜而构造灵活多变的建筑环境景观。在水面开阔宁静处，宜建大体量的亭台水榭；水面狭窄处，则与假山相傍，深邃而富有山林之趣。不同水域以狭长的溪流相连，池岸形态丰富，辅以石矶、草坡、夹涧石谷等，在水面转折处设小岛或长堤，增加了景物层次感和进深感，顿生“咫尺山林”的景观效果。例如，苏州沧浪亭的“面水轩”（图 4-9），是一座四面厅，取杜甫著名诗句“层轩皆面水，老树饱经霜”而得名。面水轩傍水而筑，北面假山壁立，下临清池；南面接沧浪亭，古木层峰相互掩映，是品玩赏景的绝佳之地。苏州网师园的“濯缨水阁”，纤巧柔美，基部全用石梁柱架空，宛若浮于水面。“濯缨”取自《孟子》“……‘沧浪水之清兮，可以濯我缨；沧浪之水浊兮，可以濯我足。’孔子曰：‘小子听之！清斯濯缨，浊斯濯足矣。自取之也。’夫人必自侮，然后人侮之”。这座水榭，位于水池的西南角，临槛垂钓，依栏观鱼，享受沧浪水清之美，俗尘尽涤之乐。在这样的园林之中，建筑或环绕水边，或跨越水面，或凌驾于水际，园林的意境之美尽在这一湾池水之中。

园林中湍急的流水、狂泻的瀑布、奔腾的跌水和飞涌的喷泉，则形成动态感很强的水体，给整个园林带来活跃气氛和勃勃生机。“问渠那得清如许，为有源头活水来”。只有能流转的活水，才能给园林带来生气；只有富有生命力的水，才能栩栩如生地映衬出园林景色。为此，计成在《园冶》中指出：造园在初创阶段就要“立基先究源头，疏源之去由，察水之来历”。文震亨也在《长物志》中提及：“引泉脉者更佳，忌方圆八角诸式。”理水讲究“疏源之去由，察水之来历”，“引泉脉者更佳”，旨在以水为媒介，联系协调各种园林景观要素。利用山势造就溪流与涧水，可以做成各

图 4-9　苏州沧浪亭的“面水轩”

种形式的瀑布、涌泉，创建一种流动的水景。《长物志》中曾有记载：“山居引泉，从高而下，为瀑布稍易，……亦有蓄水于山顶，客至去闸，水从空直注者。”动水“尤宜竹间松下，青葱掩映，更可自观”，讲究土、石、草等相互结合，交替变化，大小错落，凹凸相间，起伏自然，纹理协调，切忌人工痕迹过重，崇尚自然古雅为美。

构景

在建筑与水体景观构成中，不同的水体环境构成建筑与水体的多样组合，从而创造丰富的建筑构景方式。根据园林建筑构景中不同的环境构思，应用水体的“可塑性”组合，创造出空间多变、独具匠心的建筑环境景观。文震亨《长物志》道：“阶前石畔凿一小池，必须胡石四周，泉清可见底。中畜朱鱼、翠藻，游泳可玩。四周树野藤、细竹，能掘地稍深……”，“……池旁植垂柳，忌桃杏间种。中蓄凫雁，须十数为群，方有生意”。① 以水池为中心，辅以溪涧、水谷、瀑布等，结合地形，环以建筑，配合山石、花木和亭阁形成各种不同景色，是文震亨所推崇的一种造景方式。池水不仅可为园林增色，同时还可畜朱鱼、翠藻、凫雁，展现出富有生命力的气象，这也是园居的一种独特审美感受。如魏公南园，“堂之阳，为广除，前汇一池，池三方皆累石，中蓄朱鱼百许头，有长至二尺者，拊栏而食之，悉聚若缋锦，又若炬火烁目”，锦衣东园水池中“朱鳞数十百头，以饼饵投之，骈聚若唼，波光溶溶，若冶金之露芒颖”，徐锦衣家园中也有“朱鱼有径尺者，鼓鬣自恣”②。园林中的水体除了有助于造景，另一项重要职能就是适于“可玩”。张怡曾写诗咏道：“门前流水枕寒山，日日身居山水间。况有扁舟堪载月，塞淇桥畔赤矶湾。”③

园中有水，水上架桥，架桥也是有一番讲究，文氏认为：“广池巨浸，须用文石为桥，雕镂云物，极其精工，不可入俗。小溪曲涧，用石子砌者佳，四旁可种绣墩草。”④ 至于游船，也要点缀好：“小船，长丈余，阔三尺许，置于池塘中，或时鼓枻中流，或时系于柳荫曲岸，执竿把钓，弄月吟风。”⑤ 可见，古代舟楫也是园林必备的风雅物品。文震亨在《长物志》卷九舟车篇总论中曾说：“用之祖远饯进，以畅离情；用之登山临水，以宣幽思；用之访雪载月，以写高韵；或芳辰缀赏，或靓女采莲，或子夜清声，或中流歌舞，皆人生适意之一端也。”如此桥、船

① （明）文震亨著，陈植校注：《长物志·卷三·水石·小池》，江苏科学技术出版社1984年版，第104页。

② 龚玲燕：《明代南京私家园林研究》，载《上海师范大学硕士学位论文》2008年。

③ （清）朱绪曾：《金陵诗征》卷三十二。

④ （明）文震亨著，陈植校注：《长物志·卷一·室庐·门》，江苏科学技术出版社1984年版，第20页。

⑤ （明）文震亨著，陈植校注：《长物志·卷九·舟车·小船》，江苏科学技术出版社1984年版，第345页。

的布置格局，既动静调和，又别见风味，使你如同进入画图中。在江南古典园林造景实践中，苏州网师园面积虽小，但其水池、亭阁、轩榭之间的层次分明，可谓江南小园之典范。网师园的平面布局（图4-10）是以水池为中心，亭阁廊榭左右环顾。集虚轩、看松读画轩组成的院落位于池北，环池配以花草树石。轩的东侧临水而筑的是竹外一枝轩，松梅盘曲于槛前，与水池西南角的濯缨水阁遥相呼应，景色分外别致。水阁式建筑“射鸭廊”，与池对面的月到风来亭互为对景，更加增添园景的层次感。水池西面，一亭一廊环池而建，天光山色、廊屋树影倒映池中，再加上山石与花木的点缀，别有一番“月到天心，风来水面”的情趣。由于明净的水面形成园中广阔的空间，能够给人以清澈、幽静、开朗的感觉，再与幽曲的庭院和小景区形成疏与密、开朗和封闭的对比，为山林房屋展开了分外优美的景面，而池周山石、亭榭、桥梁、花木的倒影以及天光云影，碧波游鱼等，都能为园景增添生气。因此环绕水池布置景物和观赏点，已成为中国古典园林中最常见的布景方式。

寄情

钱泳在《履园丛话》中曾说：“造园如作文，必须曲折有法，前后呼应，最忌堆砌，最忌错杂，方称佳构”①，令人仿佛进入“曲径通幽处，禅房花木深”的意境。水在造园中具有重要作用，古人营造园林，善于利用自然环境，并加人工雕琢，在自然基础上，理水凿池，从而造出天上人间的美景。“知者乐水，仁者乐山”②，水给人以智慧的启迪，是人类心灵的向往，人类自古喜欢择水而居，纵情山水。我国古代园林中水面面积常常占有很大比例，有“三分水，二分竹，一分屋”的说法。水，无形无色而流

① （清）钱泳著，张伟点校：《履园丛话》，中华书局1979年版，第12页。

② 《论语·雍也》。

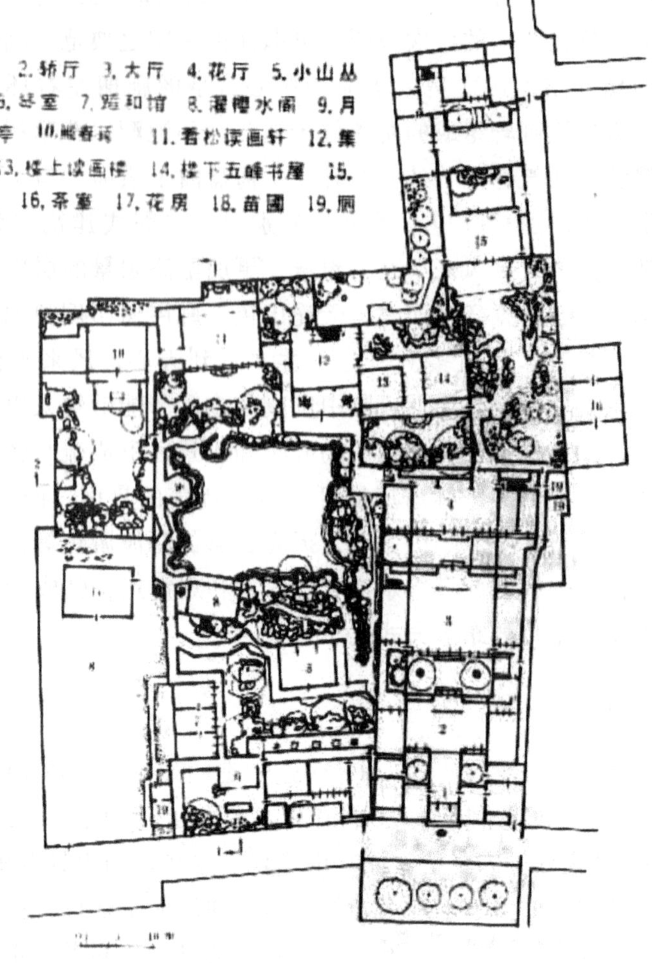

图 4-10　苏州网师园平面布局

动多变，或平静如镜，倒映万物，或潺潺流动，奏琴鸣曲，给有限的实体平添几分无限的虚幻意境。

古园中动水景虽然较少，但它们特有的动态美却是园景生动的点睛之笔。应不同造园构思需求，艺术家也能创造出活泼的水体。传统园林中的动水，主要是指溪流及泉水、瀑布等，既呈现出水的动态之美，又以水声加强了园林的生气。《长物志》中也曾有记载：“……园林中欲作此，须截竹长短不一，尽承屋溜，暗接藏石罅中，以斧劈石叠高，下作小池承水，置石林立其下，雨中能令飞泉瀑薄，潺湲有声，亦一奇也。”① 用长短不一的竹子，承接屋檐的流水隐蔽地引入岩石缝隙，并将它垫高，下面凿小池接水，安放一些石头在池子里，利用水源与水面的落差，采取人造瀑布与叠水的方式，展现“引来飞瀑自银河”的磅礴气势。此外，随山石而转的曲溪小涧之水，或潺潺，或汩汩，或呜呜，或叮咚，使人们在游园赏景之余，还能陶醉于自然界的天籁之音。通过强化水“喷、涌、注、流、滴”等一系列动态特征，塑造出生动的园林意境。如济南的趵突泉，泉池约略成方形，广为一亩，周围绕以石栏，泉水从地下溶洞的裂缝中喷涌而出。游人凭栏俯瞰泉池，清澈见底。春夏之交，池水可上涌数尺，水珠回落仿佛细雨沥沥，古人盛赞“喷为大小珠，散作空濛雨”，是古园中闻名遐迩的动水景观。融视、听欣赏为一体，我国古典园林中多栽植大叶植物，逢雨天便可借助听觉变化，以水声之美赋予园林诗的意境。最为著名的莫过于留听阁内“留得残荷听雨声”的诗意，以及听雨轩外“雨打芭蕉”的唯美。苏州拙政园的留听阁（图 4-11），位于池塘之西，单层楼阁，四周美景一览无余。池塘内种满荷花，该阁故得名于唐代诗人李商隐那句“秋阴不散霜飞晚，留得残荷听雨声”的千古绝句。听雨轩（图 4-12）则位于拙政园东南部的小院，院内池中植荷花，池边栽芭蕉，突出小院听雨的风景主题。南宋诗人杨万里曾作《秋雨叹》，留下“蕉叶半黄荷叶碧，两家秋雨一家声”的名句。这院内蕉、荷相映，雨天于轩中可观濛濛雨景，听淅淅雨声，韵味无穷。

---

① （明）文震亨著，陈植校注：《长物志·卷三·水石·瀑布》，江苏科学技术出版社 1984 年版，第 105 页。

图 4-11　留听阁

图 4-12　听雨轩

二、山石之巧作

中国传统园林中建筑与山石的关系是共融共生，让建筑像是从土地中生长出来的，使园林景色更加和谐完美，所以有“山得水而活，水得山而媚”之说。山、石乃是构成自然风景的基本要素。但中国古典园林绝非一般地利用或者简单地摹仿这些构景要素的原始状态，而是有意识地加以改造、调整、加工等艺术化处理手段进行再创造，从而表现一个精练概括的自然山石之景。文震亨在《长物志》论及石，有记载：“太湖石在水中者为贵……在山上者名旱石，”“石以灵璧为上，英石次之”。这些不同类型的石体，经过堆叠组成了变化多端的山形地势，具有各不相同的空间性格，这一切为园林建筑创作，提供了极其灵活的条件。成功的园林建筑正是通过对环境地貌特征的利用和对其空间性格的把握，点染环境、突出自然景观的特色。

（一）掇山

自然界中山体的形象各具特色，地形复杂，规模较大，但在私家园林的“壶中天地”之中，山体只是名山大川典型特征的大写意，其规模与尺度无法与真山相比。造园匠师们以新颖独特的方式人工堆山叠石，形成“有高有凹、有曲有深、有峻而悬、有平而坦”① 的视觉空间变化，进而产生意境深远的艺术效果。掇叠假山必须因地制宜，整体把握主观要求和客观条件的可能性。中国园林中假山掇叠的历史可以追溯到秦汉时期，当时的掇山手法已经由“筑土为山”转变为“构石为山”。至唐宋，深受魏晋南北朝山水诗和山水画的影响，建造假山之风盛行，民间宅园也流行赏石造山，遂涌现出一批专门堆筑假山的能工巧匠。明代，假山技艺日臻完善，已经发展到“一卷代山，一勺代水”的阶段。明代计成的《园冶》、文震亨的《长物志》、清代李渔的《闲情偶寄》，从实践和理论两方面将假山艺术推向一个前所未有的巅峰。苏州的“环秀山庄”、上海的“豫园”、南京的“瞻园”和扬州的“个园”等，这些都是江南地区现存的假山名园。

《长物志》有言：“太湖石在水中者为贵，岁久为波涛冲击，皆为空石，面面玲珑。在山上者名旱石，枯而不润，赝作弹窝，若历年岁久。斧痕已尽，亦为雅观。吴中所尚假山，皆用此石。”水中的太湖石最珍贵，经波涛常年冲击侵蚀，形成许多洞孔，敲击时能发出清脆声响。山上的太湖石叫旱石，干燥不润，人工开凿一些洞孔，待年久凿痕消失，也还算雅观。苏州一带的人尤其喜欢用太湖石构筑假山。“有真为假，做假成真”是掇山的不二法门，也是中国园林一贯秉承的“虽由人作，宛自天开”的总则在掇山方面的具体表现。“有真为假”说明了掇山的必要性；“做假成真”提出了对掇山的要求。天然的名山大川固然是自然界“鬼斧神工”之作，但由于园林的空间局限性，只能用人工造山来满足人们的审美需求。假山工艺是科学性、技术性和艺术性的综合体。《园冶》的“自序”中称“有真斯有假”，说明大自然是人造景观的起源，是掇山的客观依据。假山是由单体山石掇成的，就其施工而言，是“集零为整”的工艺过程，必须注重外观的整体感以及结构的稳定性。以自然景物为艺术创作素材，充分发挥艺术家的主观能动性，

① 李韫：《计成〈园冶〉的美学阐释》，山东师范大学硕士学位论文，2009 年。

渗入艺术家的创意思维活动，对自然山水进行去粗取精的艺术加工，加以典型概括和夸张，使之更为精练和集中，实现“外师造化，中得心源”的整个创作过程。要“做假成真”，就意味着假山不仅要合乎自然山水地貌，而且必须遵循景观形成和演变的科学规律。诚如《长物志》中所述：“英石，出英州倒生岩下，以锯取之，故底平起峰，高有至三尺及寸余者，小斋之前，叠一小山，最为清贵，然道远不易致。”① 将英石从岩石上锯下，呈底部平齐的立柱形，高的有三尺长，小的仅一寸长。在小屋前，直接用英石堆砌一个小山，最为清雅。

（二）品石

明代经济一度繁荣，奇石艺术有了较大发展，出现许多奇石收藏大家。如明代大画家米万钟，当时拥有三座庄园，“勺园”、“漫园”、“湛园”。历史上有名的“败家石”就是因他而起。明代奇石书籍也较唐、宋更多，诸如《园冶》、《素园石谱》、《徐霞客游记》、《冶梅石谱》、《万石斋石谱》、《观石录》、《怪石录》、《怪石赞》、《十二石斋记略》等。同琴棋书画、梅兰竹菊之爱好相提并论，对奇石的癖好已经成为士流风雅的重要标志之一。尤其是在江南地区，文人缙绅们不甘落后，他们为了搜罗奇石点缀园林可谓不惜千金。董其昌在《筠轩清閟录》中提到上好的昆山石价格昂贵，“嘉靖间见一块，高丈许，方七八尺，下半状胡桃块，上半乃鸡骨石，色白如玉，玲珑可爱。云间一大姓出八十千置之，平生甲观也”。②

著名造园家文震亨在《长物志》中较为详细地介绍了 11 种可供赏玩的山石。他以为“石以灵璧为上，英石次之。然二种品甚贵，购之颇艰，大者尤不易得，高逾数尺者，便属奇品。小者可置几案间，色如漆，声如玉者最佳。横石以蜡地而峰峦峭拔者为上，

---

① （明）文震亨著，陈植校注：《长物志·卷三·水石·英石》，江苏科学技术出版社 1984 年版，第 112 页。

② （清）王云：《云间第宅志》，商务印书馆 1937 年初版。

俗言‘灵璧无峰’，‘英石无坡’……”①，而“锦川、将乐、羊肚石，石品中惟此三种最下”②。园林用石，以灵璧石为上品，英石稍次。但是，这两个品种非常稀少珍贵，几尺高的就称得上是珍品。小的，可以置于几案，色如漆器般光亮，声如玉器般清脆。在所有石品中，惟有锦川、将乐、羊肚石这三种最差。并且他还进一步分析各种石头的特征及品鉴标准，如尧峰石，“苔藓丛生，古朴可爱。以未经采凿，山中甚多，但不玲珑耳”③，土玛瑙，“出山东兖州府沂州，花纹如玛瑙，红多而细润者佳”④。

明末清初的著名画家石涛，一生酷爱品鉴名石，以叠石名手而著称。曾位于扬州的“万石园”，就是他将一万块太湖石堆叠而成，其娴熟的技巧和奇特的章法至今令人叹为观止。明代文人林有麟也以热衷收集奇石美石而闻名遐迩，在素园中建“玄池馆”来专门陈列他的收藏佳品，并将书中所见的“有会于心”的奇石，逐一描绘成图，缀以前人题咏，著有《素园石谱》。该书还保存许多当时制作盆景与研山的资料，对当时乃至现今造园都具有较高的研究价值。此时期，多于廊房四周围绕的院落中建石台，然后将美石置于其上。如《长物志》中记载：“昆山石出昆山马鞍山下，……间有高七、八尺者，置之大石盆中，亦可。”产自马鞍山的昆山石，间或有七八尺高的，遂将其安置在大石盆中。这种单独造型的美石江南地区的园林中颇为多见。庆云山庄的陵霄石、东皋草堂的五老峰、豫园的玉玲珑，都是闻名于世的美石。其中，玉玲珑石为江南三大名石之一，石色青黝，周身多孔，具有皱、漏、瘦、透之美，为豫园增色不少。该石万窍灵通，古人曾谓

① （明）文震亨著，陈植校注：《长物志·卷三·水石·品石》，江苏科学技术出版社1984年版，第109页。

② （明）文震亨著，陈植校注：《长物志·卷三·水石·锦川将乐羊肚石》，江苏科学技术出版社1984年版，第115页。

③ （明）文震亨著，陈植校注：《长物志·卷三·水石·尧峰石》，江苏科学技术出版社1984年版，第113页。

④ （明）文震亨著，陈植校注：《长物志·卷三·水石·土玛瑙》，江苏科学技术出版社1984年版，第115页。

“以一炉香置石底，则孔孔烟出；以一盂水灌石顶，则孔孔泉流”。抑或将一些造型独特的小体量美石置于小盆内，供人赏玩，如“石子五色，或大如拳，或小如豆，中有禽、鱼、鸟、兽、人物、方胜、回纹之形，置青绿小盆，或宣窑白盆内，斑然可玩”①，细微之处也流露出闲逸雅致的生活情趣。

（三）巧工

在中国古典园林中，随处可见的是富于自然情趣的山石。古代造园艺术家将石头用以修建亭榭、筑桥铺路、堆围水岸等景观建筑和辅助设施，它既是古典园林的工程建筑材料，也是重要的装饰要素。通过对石头的巧妙利用和设置，折射出中国园林古朴的自然情趣，也营造出独具华夏审美特色的园林意境。例如，苏州留园明瑟楼的“一梯云”，就采用自然叠石堆砌成山间踏道的形象。此外，为了连贯山势和渲染气氛，古典园林中还常常构筑爬山廊或高低起伏的“云墙”。如苏州沧浪亭看山楼，在石山上设两层楼，采用爬山廊与盘山道相结合的手法来处理楼阁与石山的关系，是山上楼阁典型实例之一。

文震亨在《长物志》中对“街径庭除”有如下描述：“驰道广庭，以武康石皮砌者最华整。花间岸侧，以石子砌成，或以碎瓦片斜砌者，雨久生苔；自然古色，宁必金钱作埒，乃称胜地哉？”②道路及庭院地面用武康石石块铺设，最为华丽整洁。花木间的小道池畔，用石子堆砌，或者用碎瓦片斜着嵌砌，雨水经久便生苔藓，自然天成，古色古香。武康石既坚固不易受损，又具天然质感纹理。施工用石时以其为料铺砌庭院的路面，顿生一派纯朴天然景观。又如“小溪曲涧，用石子砌者佳，四旁可种绣墩草”。③ 小溪

---

① （明）文震亨著，陈植校注：《长物志·卷六·几榻·书桌》，江苏科学技术出版社1984年版，第232页。

② （明）文震亨著，陈植校注：《长物志·卷一·室庐·街径庭除》，江苏科学技术出版社1984年版，第33~34页。

③ （明）文震亨著，陈植校注：《长物志·卷一·室庐·桥》，江苏科学技术出版社1984年版，第30页。

山泉，最好用石子垒成小桥，四周可种上绣墩草。以天然石子或者碎石瓦砾砌就花园小径，则能造成一种令人脱俗的清雅意境。文氏对“阶”、“桥”的描述中也曾提到：“……须以文石剥成，……以太湖石叠成者，曰‘涩浪’，其制更奇，然不易就。复室须内高于外，取顽石具苔斑者嵌之，方有岩阿之致。”① “广池巨浸，须用文石为桥，……”② 石阶、石桥的选材多出自于文石、太湖石，因为它的质地、颜色、纹理、质感非人力所能及，最具自然造化的天然意趣。又如“大理石出滇中。……但得旧石，天成山水云烟，如‘米家山’，此为无上佳品。古人以镶屏风，近始作几榻，终为非古”。“永石即‘祁阳石’，出楚中。……紫花者稍胜，然多是刀刮成，非自然者，以手摸之，凹凸者可验，大者以制屏亦雅”。③大理石，质坚细密、花纹美观，被广泛镶嵌在文具、用具、挂件、屏风上做装饰，给人清爽之感。园林建筑装饰上采用天然石料，大多是根据需求粗略镶嵌成形，很少精雕细刻，不粉饰不涂圬，以显露出其天然的质地、纹理、色彩，无处不渗透出自然韵味，这也恰恰体现出“巧夺天工”的审美观照。

三、花木之配搭

园林中除布局山水建筑之外，还应讲究花木种植。古人有云：“山以林木为衣，以草为毛发，以烟霞为神采，以景物为装饰，以水为血脉，以岚物为气象。”④ 花开花谢，春华秋实，为静态的山池增添了动态之美。正如文震亨在《长物志》卷二“花木”篇中所言：“乃若庭除槛畔，必以虬枝古干，异种奇名，枝叶扶疏，位置疏密。或水边石迹，横堰斜坡；或一望成林；或孤枝独秀。草木

① （明）文震亨著，陈植校注：《长物志卷一·室庐·阶》，江苏科学技术出版社1984年版。

② （明）文震亨著，陈植校注：《长物志·卷六·几榻·床》，江苏科学技术出版社1984年版，第241页。

③ （明）文震亨著，陈植校注：《长物志·卷三·水石·大理石》，江苏科学技术出版社1984年版，第117页。

④ （清）徐崧，张大纯：《百城烟水》，江苏古籍出版社1999年版。

不可繁杂，随处植之，取其四时不断，皆入图画。”① 可见，园林植物配置种类繁多、竞相斗艳，唯有草木是其根本，最能令人联想到纷繁葱郁的自然景观。正如三株五株、虬枝古干能给予人以蓊然之感，恰当运用少量树木搭植而将大自然的气象万千凝练其中。此外，观赏树木和花卉还按其形、色、香而“拟人化”，赋予不同的性格和品德，在园林造景中尽量显示其象征寓意。

（一）古雅

古典园林中植物配置是采取自然式种植，与园林风格尽量保持一致。自古以来，“天人合一”的观念备受人们推崇。因此，人们对自然情有独钟，自始至终都十分重视花木呵护与培育，所谓“园，所以种树木也”之说②。特别是明代，儒家的“仁爱”等观念深入人心，中国文人园林崇尚古朴淡雅，追求诗情画意而色彩则偏重宁静。

古典园林中植物配置不仅讲究栽植方式，而且还追求景观的深、奥、幽、雅。文震亨在《长物志》花木卷中对各种植物形态特征进行详细分析，从中归纳出一些规律：“梅生山中，有苔藓者，移植药栏，最古，”③ 他以为生长于林野山间的梅散发出自然清新的韵味，将其移植至园中便成为最古朴雅致的景观；“最古者以天目松为第一，高不过二尺，短不过尺许，其本如臂，其针如簇，结如马远之‘欹斜诘屈’，郭熙之‘露顶张拳’，刘松年之‘偃亚层叠’，盛子昭之‘拖曳轩翥’等状，”④ 松自古以来就象征圣洁高雅的形象，且以浙江临安县天目山所产的黄山松最古，还应

① （明）文震亨著，陈植校注：《长物志·卷二·花木》，江苏科学技术出版社 1984 年版，第 41 页。

② 邹敏：《中国古典园林花木美景的欣赏和塑造》，载《南方建筑》，2004 年第 3 期。

③ （明）文震亨著，陈植校注：《长物志·卷二·花木·梅》，江苏科学技术出版社 1984 年版，第 50 页。

④ （明）文震亨著，陈植校注：《长物志·卷二·花木·盆玩》，江苏科学技术出版社 1984 年版，第 96~97 页。

以宋元两代诸多著名画家所绘之造型配植松树，方能达到诗情画意的效果；“柔条拂水，弄绿搓黄，大有逸致”，这是形容柳树体态轻盈，随风舞动，水岸、垂柳颇有一番惬意园居的浪漫；“至于小竹丛生，曰：‘潇湘竹’，宜于石岩小池之畔，留植数株，亦有幽致”①，在园林的石矶、河岸处栽植少量湘妃竹，竹影摇曳，更添几分幽深闲雅的意境；“水仙二种，花高叶短，单瓣者佳。次者杂植松竹之下，或古梅奇石间，更雅”②，苍松翠柏之下种植水仙，或在梅树与叠石之间穿插几株水仙，给人的感觉则是松柏高崇壮美，奇石不凡，却也不失柔和恬静之美；论及芭蕉，则“绿窗分映，但取短者为佳，盖高则叶为风所碎耳。……不如槟榈为雅，且以麈尾蒲团，更适用也”③。

这些经典的植物配置方式，在《长物志》中俯拾皆是。通过栽植各具特色的植物映衬出中国古典园林美，并且寄托造园家们丰富的情感遐想。另外，花台、盆景、盆栽等在古典园林中也得到广泛运用。中国古典园林在室内、室外、厅前屋后、轩房廊侧、山脚池畔等处均可设置盆景，文震亨则认为：“盆玩，时尚以列几案间者为第一，列庭榭中者次之。”④ 对于盆中所栽种的植物，在《长物志》中也有相关详述，如“……又有古梅，苍藓鳞皴，苔须垂满，含花吐叶，历久不败者，亦古”；“……又有枸杞及水冬青、野榆、桧柏之属，根若龙蛇，不露束缚锯截痕者，俱高品也。其次则闽之水竹，杭之虎刺，尚在雅俗间”⑤。可见，盆栽植物的品种、形态、色泽都注重“古”、“雅”二字，旨在塑造中国古典园林含蓄隽永的秀美。

---

① （明）文震亨著，陈植校注：《长物志·卷二·花木·竹》，江苏科学技术出版社1984年版，第73页。

② （明）文震亨著，陈植校注：《长物志·卷二·花木·水仙》，江苏科学技术出版社1984年版，第92页。

③ （明）文震亨著，陈植校注：《长物志·卷二·花木·芭蕉》，江苏科学技术出版社1984年版，第95页。

④ （唐）魏征撰：《隋书》，中华书局2000年版，第164页。

⑤ （唐）魏征撰：《隋书》，中华书局2000年版，第164页。

（二）意韵

从园林的主题、立意出发，综合考虑园林绿地的性质和功能，选择适当的花木品种和配置方式来表现主题，营造设计意境，满足园林的居住功能与赏玩需求。为了充分发挥游园者听觉、视觉及嗅觉等各种感官的能动作用，古典园林中常借植物传达某种意境和情趣，以提高园林观赏层次和艺术效果。从听觉角度而言，作为承德避暑山庄的著名景点，“万鹤松风”就是借风掠松林所形成的瑟瑟涛声而给人以艺术感受。从视觉的角度来抒发情趣，苏州拙政园的“雪香云蔚亭”，在山花野鸟之间烘托出“蝉噪林愈静，鸟鸣山更幽”的独特意境，山林野趣油然而生。《长物志》中也曾记述：“昌州海棠有香，今不可得；其次西府为上，贴梗次之，垂丝又次之。余以垂丝娇媚，真如妃子醉态，较二种尤胜。木瓜似海棠，故亦称‘木瓜海棠’。但木瓜花在叶先，海棠花在叶后，为差别耳！”“桃花如丽姝，歌舞场中，定不可少。李如女道士，宜置烟霞泉石间，但不必多种耳”。这里，文震亨将海棠花形容成妃子佳丽们酒后的醉态，娇羞妩媚之态萦绕于心；盛开的桃花正如活跃于歌舞场所的美女歌妓，必然是脂粉气浓重，一派风尘意味；不同于桃，李则显得尤为低调，就像遁世隐居的女道士一般，追求超然脱俗的境界。至于嗅觉，文氏则谈道：“丛桂开时，真称‘香窟’，宜辟地二亩，取各种并植，结亭其中，不得颜以‘天香’，‘小山’等语，更勿以他树杂之。”① 待到花开时节，桂花丛中散发着清新的香味，沁人心脾，令人神往。

作为情感和吉祥的化身，植物被广泛应用于古典园林意境传达之中。曾有陶渊明“采菊东篱下，悠然见南山”，周敦颐爱莲之“出淤泥而不染”，以及林和靖梅妻鹤子之千古佳话。梅、兰、竹、菊是中国古代文人冰清玉洁、傲骨嶙峋的品格意象，文震亨在《长物志》中分别对其进行重点描述。梅，“幽人花伴，梅实专房，

---

① （明）文震亨著，陈植校注：《长物志·卷二·花木》，江苏科学技术出版社 1984 年版，第 45~66 页。

取苔护藓封，枝稍古者，移植石岩或庭际，最古。另种数亩，花时坐卧其中，令神骨俱清”①。梅花玉洁冰清，俏不争春，是常见的园林植物之一。梅花被誉为“雪中高士”，是不慕虚荣、坚贞自守、清心雅骨的君子象征，其百折不挠、高洁品格早已深入人心。闻香赏梅，能达到令人“神骨俱清”的效果。兰，“出闽中者为上，叶如剑芒，花高于叶，《离骚》所谓‘秋兰兮青青，绿叶兮紫茎’者是也”②。与雅洁的精神相对应，兰花的品性侧重于“幽而芳香”、“无人自芳”的意蕴。竹，“取长枝巨干，以毛竹为第一，然宜山不宜城；城中则护基笋最佳，馀不甚雅”③。园林中竹子挺拔、有节，不畏严寒、终年常青，这些形貌特征恰好与古代文人士大夫追求的高尚情操相互渗透，竹子成为中国精英文化的象征。菊，“茎挺而秀，叶密而肥，至花发时，置几榻间，坐卧把玩，乃为得花之性情”④。菊花，与梅兰竹并称为花中四君子。至深秋开花时令，众花凋零，惟有菊花独自芬芳，流露出傲岸、隐逸、清奇、坚贞、刚毅、无畏等高尚品性，深得志高性洁的文人的垂爱。

（三）配植

结合园林植物的外形特征以及生长规律，造园艺术家应根据实际需要选择配置方式来营造园林空间。《长物志》中对各种植物的生长特性进行了具体叙述。如秋海棠，“性喜阴湿，宜种背阴阶砌，秋花中此为最艳，亦宜多植”；芙蓉，“宜植池岸，临水为佳；若他处植之，绝无丰致”；杜鹃，“花极烂漫，性喜阴畏热，宜置

① （汉）司马迁著，《史记全译》，第4册，贵州人民出版社2001年版，第1727页。

② （明）文震亨著，陈植校注：《长物志·卷二·花木·兰》，江苏科学技术出版社1984年版，第80~81页。

③ （明）文震亨著，陈植校注：《长物志·卷二·花木·竹》，江苏科学技术出版社1984年版，第73页。

④ （明）文震亨著，陈植校注：《长物志·卷二·花木·菊》，江苏科学技术出版社1984年版，第78页。

树下阴处。花时，移置几案间”①。花木选种应在符合植物生态特征的基础之上，充分考虑其与园林中其他景观的相互配置。树木栽植不仅具有美化园林的作用，也应兼具分割空间、营造意境的功能。如植柳，“更须临池种之。柔条拂水，弄绿搓黄，大有逸致”；松柏，可植“堂前广庭，或广台之上，不妨对偶”。而小松，应植“土岗之上”，使之“涛声相应”；槐、榆，“宜植门庭，板扉绿映，真如翠幄”；青桐，“株绿如翠玉，宜种广庭中”；竹，“宜筑土为垅，环水为溪，小桥斜渡，陡级而登，上留平台，以供坐卧，科头散发，俨如万竹林中人也”②。总之，园林花木的位置、式样、色彩都应因地而异，各有其益，使长住者“忘老”；暂居者“忘归”；游览者“忘倦”，真正起到赏心悦目、神清气爽的作用。例如，拙政园中部二岛和沧浪亭土山，由于土多石少，为了能与山的大小、形状相匹配，多植以较高大的落叶树，山林下方则辅以较低矮的灌木丛，二者错综配置，整个山林莽莽苍苍、青翠欲滴，游览者仿佛置身于真山之中。

配置园林植物除了要体现一般设计意图之外，还要满足园林花木的生态要求。植物种类繁多，具有独特的形态、色彩、风韵、芳香等特征。应根据季节和时令变化培养种植花木，为中国古典园林创造出“四时不断，皆入图画”的意境。《长物志》中对兰花曾有这样一段记述：“……四时培植，春日叶芽已发，盆土以肥，不可沃肥水……；夏日花开时嫩，勿以手摇动……；秋则微拨开根土，以米泔水少许注根下……；冬则安顿向阳暖室……，”③ 讲究四季采用不同培育方式，遵循植物生长规律，才能保持花木的生命力。春季梢桠嫩绿，应注重施肥浇水；夏季繁花似锦，色香俱备；秋季

① （明）文震亨著，陈植校注：《长物志·卷二·花木》，江苏科学技术出版社 1984 年版，第 45~63 页。

② （明）文震亨著，陈植校注：《长物志·卷三·花木》，江苏科学技术出版社 1984 年版，第 64~73 页。

③ （明）文震亨著，陈植校注：《长物志·卷七·器具·香盒》，江苏科学技术出版社 1984 年版，第 249~250 页。

花败叶落，侧重保护根基土壤；冬季防寒抗冻，宜将盆栽植物移置室内。另外，恰当地进行物种搭配，能使园林之景四季不同、阴晴有别。如紫薇，“四月开，九月歇，俗称‘百日红’。山园植之，可称‘耐久朋’”；葵花种类甚多，以“初夏，花繁叶茂，最为可观”；秋海棠，“秋花中此为最艳，亦宜多植”；腊梅，“磬口为上，荷花次之，九英最下，寒月庭除，亦不可无”①。巧妙合理的植物配置，顺应时节变化栽植或娇媚、或坚韧、或苍郁、或疏淡的花木，不仅造就千姿百态的园林美，而且赋予园林山、水、建筑以灵动的神韵和气质。

无论是园林建筑的功能布局与空间尺度，还是各种建筑材料的质地与纹样，《长物志》中都有十分详细的记载，主要讲求“随方置象，各得所宜”。中国园林崇尚自然，视山水为园林的灵魂，人工理水则务必做到“虽由人作，宛如天开”，旨在实现“一勺则江湖万里”之意境。此外，建筑与山石的关系是共融共生，山石造景使得园林景致更加和谐完美。树木和花卉按其形、色、香而“拟人化”，赋以不同的性格和品德，在园林造景中也能显示其象征寓意。本章通过建筑、水池、山石和花木等方面揭示文震亨“各得所适”的造园思想。

苏州园林，诸如拙政园、留园、网师园、环秀山庄等，大多是由达官显贵、文人在一起，并借助古典诗词对园景进行点染，营造出一种清雅脱俗、诗情画意的意境，亦享有“城市中的山林”之美誉。在明代，园林、绘画、书法都被视为优雅的艺术，深得文人士大夫钟爱。受写意山水画的深远影响，园林艺术具有浓厚的文化气息，可谓是“幽雅画境家山林，丰富玲珑别洞天”。步入园林，便如同进入画境，一步一景，处处都体现出造园师们的独具匠心，人造景观与自然风光合为一体，凸显江南园林的独特魅力。

---

① （明）文震亨著，陈植校注：《长物志·卷二·花木》，江苏科学技术出版社1984年版，第45~85页。

第四节　本章小结

本章以室内陈设家具为例，重点分析文震亨“制具尚用，厚质无文”的造物功能观。我国古代造物器具发展至明代，其造型简洁明快、工艺制作精良、使用功能完备，堪称巅峰之作。作为我国古代家具的典范，明式家具设计考究、制作精良、装饰适度，完美实现了形式与功能的高度统一，具有独特的古典艺术美。同时，这种艺术美实质上是对当时社会物质精神文明的一种反映。遵循“少即是多”的设计手法，明式家具装饰多以素面为主，少而精致。家具的外表常以很小的面积饰以精细雕镂，点缀装饰在适当的部位，与大体量的整体造型形成张弛有致的对比。文氏认为：“古人制具尚用，不惜所费，故制作极备，非若后人苟且，上至钟、鼎、刀、剑、盘、匜之属，下至隃糜、侧理，皆以精良为乐，匪徒铭金石、尚款识而已。今人见闻不广，又习见时世所尚，遂致雅俗莫辨。更有专事绚丽，目不识古，轩窗几案，毫无韵物，而侈言陈设，未之敢轻许也。”在器物选材方面，文震亨大力提倡突出材质本色。如明代制几榻，不仅讲求用料，做工也十分精细；在装饰风格上，文震亨尤其反对过分的雕刻纹饰；从房室陈设装饰特征来看，多是以简素高雅的风格为主，更能显现文人潇洒脱俗的气质；而对于园林室内陈设，文震亨则赋予其“重简素，忌浮华”的设计观念和造物主张。无论是家具的布置格局，或是陈设的造型制式，都依据其所处的客观条件，自然而成与其相适应的人文景观。

在造园方面，文氏提倡“巧夺天工，各得所适”的造园思想。崇尚自然，视山水为园林之灵魂，将树木、花卉按其形、色、香而“拟人化”，赋予不同的性格和品德，在园林造景中显示其象征寓意。园林建筑与山石和谐共生，营造“虽由人作，宛如天开”之文人意境。

第五章　文震亨造物审美观——“崇雅反俗，古朴素雅”

第一节　“重简素，忌浮华”

晚明江南地区的私家园林，既是文人直接创造的一种隐逸遁世的居住环境，又间接展现当时的一种民俗生活及文化艺术形态。基于文人们在社会上所处的特殊政治、经济、文化地位，他们努力追求一种简朴、素雅、疏朗、高逸的审美情趣和生活理想。造物上追求和谐性，室内陈设饰物的制作力求和造园相统一。在这样的文化背景下，文氏赋予造物以“重简素，忌浮华”的审美观念和造物主张。简素，意指简约朴素。可见于《宋书·裴松之传》：“松之年八岁，学通《论语》、《毛诗》，博览坟籍，立身简素。”浮华，即俗世的华丽，喻指外表动人而内在空虚。诚如文震亨《长物志》卷一海论中所述：“宁古无时，宁朴无巧，宁俭无俗，”他认为物品的选择宁可古旧不可时髦，宁可拙朴不可工巧，宁可简朴不可媚俗。无疑，这恰恰印证了明代家具崇尚简洁素雅、反对矫揉奢华的设计美学思想。

一、宁古无时

“古”，即对历史的尊重和传承，是古典美学史上一个极其重要的概念。儒家学说对“尚古”观念的形成和发展有着重大的影响。《论语·述而》：“述而不作，信而好古。”荀子主张“以古持今”（《荀子·儒孝》），尚古的倾向也非常鲜明。儒家学派这种崇尚过去的思想对中国文化产生了深远的影响。“尚古”意识普遍存在于中国古典文化史，尤其是文学和艺术领域中，以古风、古言为真、善、美的价值标准风靡一时，诸如唐代韩愈提倡的“古文运动”，明代“前七子”提倡的“文必秦汉，诗必盛唐”的文学复古运动①，无疑都渗透着文学创作领域内的“崇古”情结。这种尚古的观念在宋明理学中得到了进一步的强化。如朱熹就认为历史是退化的，“三代专以天理行，汉唐专以人欲行”，认为尧舜禹三代是王道盛世，而汉唐之后人欲横流，一代不如一代，其尚古的倾向可见一斑。

明代文人中尚古风气盛行，江南地区尤甚。明王士性曾说：“姑苏人聪慧好古，亦善仿古法为之，书画之临摹，鼎彝之冶淬，能令真赝不辨。又善操海内上下进退之权，苏人以为雅者，则四方随而雅之，俗者，则随而俗之，其赏识品第本精，故物莫能违。又如斋头清玩、几案、床榻，近皆以紫檀、花梨为尚，尚古朴不尚雕镂，即物有雕镂，亦皆商、周、秦、汉之式，海内僻远皆效尤之，此亦嘉、隆、万三朝为盛。”② 这里的“姑苏”就是现在的苏州，正是文震亨的居住地。从这段话中可以看出当时的苏州不仅是当时经济发展的龙头，还引领了文化审美的潮流，甚至还有影响国际潮流的趋向。另外，这段文字也表明了苏州人“尚古”的审美格调，崇尚古朴，不喜雕镂。而文震亨的审美思想显然也是受其影响。

据统计，《长物志》中出现的“古”字竟多达200多次，贯通全书，成为书中出现的高频率字。《长物志》中出现最多的颜色词就是颇具“古”韵的“青绿”色，这也成为文震亨受到复古思潮的重大影响的又一例证。对于“古”，书中几乎全都是肯定的态度，是否“古”甚至成为《长物志》评价事物的标准。如“（黄杨）绿叶古株，最可爱玩”，③ “盆以青绿古铜、白定、官哥等窑

---

① 陈宝良：《明代社会生活史》，中国社会科学出版社2004年版。

② （明）文震亨著，陈植校注：《长物志校注》，江苏科学技术出版社1994年版，第97页。

③ （明）文震亨著，陈植校注：《长物志校注》，江苏科学技术出版社1994年版，第68页。

为第一”，“镇纸，玉者有古玉兔、玉牛……子母璃诸式，最古雅”等等①。

对于“古”的追求，文震亨钟爱年代久远的古物。如，“得古铜秦、汉搏钟、编钟，及古灵璧石磬声清韵远者，悬之斋室，击以清耳”。将这些大型古代乐器悬挂于斋室之中，“击以清耳”，别有一番韵味。至于这些钟磬的材质，文震亨认为秦汉时期的古铜或者古灵璧石为上品，形成一种清远悠扬的音韵，给人极大的听觉享受。文震亨强调使用古雅的材质制作物品。玉器出现于新石器时代中晚期，然后进入青铜器时代，玛瑙、水晶等出现的年代更晚。按照时间顺序，文震亨形成了古雅的排序。例如，明代文士常用的镇纸，文震亨认为玉制的最古雅，铜制的也可用，然而玛瑙、水晶、官、哥、定窑则“俱非雅器”。此外，文震亨执著追求物品的古式。在古物难求的情况下，他还极力推崇仿照古式。如，“屏风之制最古，以大理石镶下座精细者为贵，次则祁阳石，又次则花蕊石；不得旧者，亦须仿旧式为之”。甚至叠石理水时，“石须古制，不则亦以水蚀之”。通过仿旧、做旧的手段，一定要使物品蕴含古意。

可见，古物和古意在《长物志》中备受尊崇。古物，不仅是历史的积淀，而且反映出文化的传承。文震亨所追求的不单单是古物，更是蕴含古意的传承。“古”的价值，更多地体现在物的象征意义上。古式之物，代表着文人雅士对理想生活的憧憬，是审美价值判断的标准。通过古物，文震亨将古典意境和当下生活联结起来，既可以从古物追溯历史，又可以让古物融入现今的环境。古雅的造物具有很高的品位和格调，是将理想与现实融合的有效媒介。

在赞扬“古”的同时，文震亨特别憎恶市井之“俗”与闺阁“脂粉气”。对于时兴的元素和具有时髦元素的事物，文震亨斥之为“恶俗”、“最忌”、“不入品”等等。明代很流行的朱漆

① （明）文震亨著，陈植校注：《长物志校注》，江苏科学技术出版社 1994 年版，第 266 页。

家具、奢华繁复的金银器、绚烂夺目的彩瓷等等，文震亨都归为“俗不可耐”之列。如，“不可雕龙凤花草诸俗式。近时所制，狭而长者，最可厌”。文震亨明确表达对当时所流行的天然几制式的反感。作为文士阶层，文震亨认为古朴之物更能让他产生共鸣，与庸俗的市井潮流相比，他更希望保持一种高雅的审美情趣。

家具作为中国造物艺术的传达形式之一，在其设计细节及创作过程中也体现着“尚古”的文化底蕴和民族心理。例如，明代文人王士性在《广志绎》中提到“苏州人聪慧好古，亦善仿古法为之。书画之临摹，鼎彝之冶淬，能令真赝不辨之。……尚古朴不尚雕镂。即物有雕镂，亦皆商、周、秦、汉之式”。①

文震亨在《长物志》卷六“几榻”篇中论道：“古人制几榻，虽长短广狭不齐，置之斋室，必古雅可爱，又坐卧依凭，无不便适。燕乐之暇，以之展经史，阅书画，陈鼎彝，罗肴核，施枕簟何施不可。今人制作，徒取雕绘纹饰，以悦俗眼，而古制荡然，令人慨叹实深。”② 古代人们所制作的几案、床榻等，长短、宽窄尺寸不尽相同。将其安放至房内，不仅要古雅美观，而且坐卧倚靠都要很方便、舒适。茶余饭后，用此阅览古籍，观赏书画，陈列文物，摆设菜肴果蔬，也可躺卧休息。现今制作的几榻，多注重雕绘纹饰，仅仅是为了取悦世俗、追求时尚，而完全不顾古代家具的规格和制式，确实是对旧式工艺的一种亵渎。再如，椅子是室内常见的一种家具，其制作不以求新求独特为上品，却以求古朴求古拙为境界。文震亨在《长物志》中分别描述了椅和禅椅。关于椅，文氏认为：“乌木镶大理石者，最称贵，然亦须照古式为之。”③ 禅椅，文震亨在《长物志》有这样的描述：“以天台藤为之，或得古树

---

① 黄仁宇：《万历十五年》，三联书店 1997 年版。

② （明）文震亨著，陈植校注：《长物志·卷六·几榻》，江苏科学技术出版社 1984 年版，第 225 页。

③ （明）文震亨著，陈植校注：《长物志·卷六·几榻·椅》，江苏科学技术出版社 1984 年版，第 235 页。

根，如虬龙诘曲臃肿，槎枒四出，可挂瓢笠、佛珠、瓶钵等物……”① 禅椅，常被用来参禅打坐，是明代十分流行的家具。禅椅的材质多选用天台上的野藤，或者是弯曲粗大的老树根制作，枝蔓横生，可挂瓢笠、佛珠、瓶钵等物，顿生自然古雅之趣，这正是古代家具中人文精神和高超技艺的完美组合。

至于室内陈设器具，其式样和装饰都十分讲求“尚古”情节，对于那些一味追求时髦的做法予以摒弃。如文震亨《长物志》卷七“器具”篇中的总论：“……今人见闻不广，又习见时世所尚，遂致雅俗莫辨。更有专事绚丽，目不识古，轩窗几案，毫无韵物，而侈言陈设，未之敢轻许也。”② 文氏强烈否定那些见识不广，而又盲目趋附时尚、不辨雅俗的匠师，不敢苟同于只求华丽、不知古雅的设计风格。香筒，是古代净化室内空气时所使用的一种器具，在明代成为流行的文房清玩。文震亨《长物志》对香筒的描述：“……中雕花鸟、竹石，略以古简为贵。”③ 香筒的制作精良、选材讲究，筒面刻有花鸟、竹石等花样，不失为一种古雅简洁的室内陈设品。又如灯，是中国古代的照明用具。文震亨《长物志》对书灯的描述：“有青绿铜荷一片繁，架花朵于上，古取金莲之意，今用以为灯，最雅。”④ 有一种青绿铜古式台灯，形状如在一片荷叶上竖起一枝荷花，古人取金莲之意，现在用来做灯，非常古雅。随着时代变迁，灯具逐步发展成为兼具实用和审美双重功能的文化象征。

可以看出，文氏的居室生活中，“尚古”或“古朴”更加突显其品位的古雅和高洁。遵循“宁古无时”的审美思想，崇尚先人

① （明）文震亨著，陈植校注：《长物志·卷六·几榻·禅椅》，江苏科学技术出版社1984年版，第230页。

② （明）文震亨著，陈植校注：《长物志·卷七·器具》，江苏科学技术出版社1984年版，第246页。

③ （明）文震亨著，陈植校注：《长物志·卷七·器具·香筒》，江苏科学技术出版社1984年版，第255页。

④ （明）文震亨著，陈植校注：《长物志·卷七·器具·书灯》，江苏科学技术出版社1984年版，第271页。

的质朴之风，追求大自然本身的朴素无华，注重材料美，运用材质本色与纹理，显示自然质朴之特色。以古雅为准则，不盲目追求时尚，尤其在家具的构思、选材和造型等设计阶段，应去除人工雕琢的那种俗气或者匠气，从而营造“古朴雅致”的境界。

二、宁朴无巧

“瑶碧玉珠，翡翠娥帽，文采明朗，润泽若濡，摩而不玩，久而不渝，奚仲不能旅，鲁般不能造，此之谓大巧。”① “白玉不琢，美珠不文，质有余也。”从这两个例子我们便可得知，《淮南子》认为天然的本质就是原始美，不用修饰，与美的客观性一致。《庄子·天道》有言：“静而圣，动而王，无为也而尊，朴素而天下莫能与之争美。”老庄的道家哲学崇尚璞玉之美，与之巧妙契合的是，“朴”即一种未经文明熏染的美，一种原生态的“大美”。“朴”，传递出一种前文明时期的自然、浑朴的审美意趣。从另一角度而言，文明之美代表着人为的修饰，必然致使事物偏离其本性和本质，是用一种“小美”去破坏事物的“大美”的情况。无独有偶，文震亨在《长物志》中也曾提出“宁朴无巧”的设计准则，强调明式家具不尚巧饰，以其朴素的质地和精简构造取胜。朴素，指质朴，无文饰。明代时期，对家具陈设朴素品性的体味与提炼，实际来源于对文士高洁人格的向往与追求。朴素情愫流溢于文人生活的各个角落，自然、恬静、平淡、幽远的状态并非矫情做作所能达到。因此，家具陈设的“朴素”必须渗透于时空之中，在有意无意之间实现，正是文士修养境界的升华。

在器物选材方面，文震亨大力提倡突出材质本色。如明代制几榻，不仅讲求用料，做工也十分精细。以天然几为例，文氏认为：“以文木如花梨、铁梨、香楠等木为之。”② 厅堂内所用的几案，

---

① 刘康德，《淮南子直解·齐俗训》，复旦大学出版社 2001 年版，第 563 页。

② （明）文震亨著，陈植校注：《长物志卷七·器具·香盒》，江苏科学技术出版社 1984 年版，第 249~250 页。

应直接采用花梨、铁梨、香楠等纹理缜密的木材制作；至于榻，文氏指出：“他如花楠、紫檀、乌木、花梨，照旧式制成，俱可用。”① 按照古旧式样及规格，选取花楠木、紫檀木、乌木、花梨木来制作榻都是可以的。特别是“有古断纹者，有元螺钿者”，其样式则愈发自然朴实。论及文房四宝之一的笔，文氏认为“惟斑竹管最雅”②。又如文震亨《长物志》对笔筒的描述：“湘竹、椶榈者佳，”③ 文氏认为笔筒还是以斑竹、棕榈直接制成的为佳品。书房内放置这种笔和笔筒，以期在室内营造出生意盎然的景象，在超越世俗的水平上享受自然之美，这一审美观照正好反映出“宁朴无巧”思想的精髓，即对自然朴实给予应有的尊重。

在装饰风格上，文震亨尤其反对过分的雕刻纹饰。如文震亨《长物志》对香炉的描述：“古人鼎彝，俱有底盖，今人以木为之，乌木者最上，紫檀、花梨俱可，忌菱花、葵花诸俗式。”④ 香炉是日常生活中常用的焚香器具，其材质多选用金属、玉石、瓷、陶、紫檀等。古代制作的香炉都有底盖，现在都用木头做成，乌木的最好，紫檀、花梨木也可以，绝对不能使用菱花和葵花等俗气的装饰纹样。又如文震亨《长物志》对镜的描述：“……黑漆古、光背厚质无文者为上，”⑤ 他认为黑漆色古铜镜，厚实而无纹饰的为上品。避免繁琐雕饰，自然天成的制作手法对当时园林建筑室内空间的设计思路带来了革命性的变化。

如计成所言的“虽有人作，宛若天开”的艺术境界，文氏是

---

① （明）文震亨著，陈植校注：《长物志·卷二·花木·菊》，江苏科学技术出版社1984年版，第78页。

② （明）文震亨著，陈植校注：《长物志·卷七·器具·笔》，江苏科学技术出版社1984年版，第303页。

③ （明）文震亨著，陈植校注：《长物志·卷七·器具·笔筒》，江苏科学技术出版社1984年版，第258页。

④ （明）文震亨著，陈植校注：《长物志·卷七·器具·香炉》，江苏科学技术出版社1984年版，第247页。

⑤ （明）文震亨著，陈植校注：《长物志·卷七·器具·镜》，江苏科学技术出版社1984年版，第274页。

为了达到还原“自然生态”的一种审美向度。在材料的选择、加工的手法上主张保持原有的本色，不宜弄巧成拙。在用材用色上，力求古朴自然，以达到朴素大方的效果。如文震亨要求室庐·门环“黄白铜不可用”；门“漆惟朱、紫、黑三色，余不可用。窗“漆用金漆，或朱黑二色，雕花，彩漆不可用”。在色彩的选择上，体现了文氏始终贯彻的古雅朴素的做法。还要求庭院、街径“庭院中花间岸侧以石子砌成，或以碎瓦片砌成，雨久生苔，自然古色，宁必金钱做堤，及胜地哉”。在园林庭院地面铺设上，他尽量选择自然质朴的材质，如石子、碎瓦片、及苔藓，这些都取自天然，毫无人工雕琢的成分，更显古香古色，没必要花高额的金钱，使用非常昂贵的材料。对于墙，文震亨喜欢白色俭朴的“粉墙”，不饰装饰和修饰。这些朴素自然的材质，足以体现作者的文人雅趣和审美格调。

石材是园林中适用最多的材料，“石令人古，水令人远。园林水石，最不可无”。由此可见石在塑造园林景物时的作用。卷一“室庐”·栏杆“石栏最古，第近于琳宫、梵宇，及人家冢墓。傍池或可用，然不如用石莲柱二，木栏最雅。”门“石用方厚浑朴，庶不涉俗”。同样体现的都是石材的“古”和自然。石材在选用上，不同的石材也很有讲究，有着不同的用途，如阶“须以文石剥成，种绣蹲草或草花数径于内，枝叶纷披，映阶傍砌。以太湖石叠成，曰‘涩浪’，其制更奇，然不易就。复室须内高于外，取顽石具苔藓者嵌之，方有岩阿之致…”太湖石，是产于太湖的石灰岩；文石，指的是有着精美纹理的石头涩浪，是水纹状的墙叠石；顽石，是笨重不美观的石头，“相物而赋形，范质而施采”，文氏依据不同种类的石材在造景工程中加以合适的搭配。在这一点上，他与李渔有其相通之处，李渔在造物过程中也注重石材纹路的选择及其不同纹路搭配关系的自然性。如：“然分别太甚，至其相悬接壤处，反觉异同，不若随取随得，变化从心之为便。至于石性，则不可不依；拂其性而用之，非止不耐观，且难持久。石性维何？”①

① （清）李渔：《李渔全集卷三》，浙江古籍出版社1992年版，第223页。

为了体现自然美，李渔认为“紫碧青红，各以类聚是也”分别过于严格，会造成联合交接的地方相差悬殊，让人感觉差别太大，不如随性而安、随手摆放，相机变化，既方便又美观。要遵循石头本身的性征去造山，并指出如果不按石头本身的特征——“斜正纵横之理路是也”去做小山，就不耐看，很难坚固持久。

文震亨在材质的选择上也是有自己独到的审美观阀值。在水石卷·品石论道“石以灵璧为上，英石次之。然而品种甚贵，购之颇艰，大者尤不易得。”英石、太湖石、灵璧石、黄蜡石为古代四大玩石，古代玩石品种甚多，除去这四种，还有福建寿山石，浙江青田石，广东绿石，以及土玛瑙，大理石等。大理石的材分等级“大理石黑如墨为贵。白微带青，黑微带灰者，皆下品，但得旧石，天成山水云烟，如“米家山”，此为无上佳品。”石玩之美，美在自然。

木材亦是彰显温雅气质的重要材料，“室庐·照壁”“得文木如豆瓣楠之类为之，华而复雅”。这里指出有着纹理的豆瓣楠木，华丽而又雅致，最为稀贵。门要求“以木为格，湘妃竹横斜钉之一”。窗“以木为粗格，中设细条三眼，眼方二寸，不可过大”。对于照壁、门、窗、栏杆等作者均提到要以不同的木为之；台“四种用粗木，作朱阑亦雅”。亭榭楼阁，最贴近自然，由于敞开在外，难免受风雨侵蚀，精致高档的桌凳容易受潮或受损坏。文震亨认为应该选择那些构造结实，粗犷古朴的家具放置其中，既经久耐用，又与园林中的湖山草树的自然状态相融。由此可见文氏“因材施艺”的审美主张，不同的木材对提升古雅的环境氛围营造不可或缺。

这种“反工巧”的态度可以从文震亨的前人观点中找到印证。老子就认为“大巧若拙”，崇尚自然，追求质朴纯素。他还提出“五色令人目盲；五音令人耳聋；五味令人口爽；驰骋败猎，令人心发狂；难得之货，令人行妨。是以圣人为腹不为目，故去彼取此”（《老子》第十二章），认为过度的物质欲望会对人产生很大危害。而文震亨“反工尚简”的鉴赏标准正是这种崇尚自然的思想在造物方面的具体体现。汉刘向《说苑·反质》：“丹漆不文，白玉不雕，宝珠不饰。何也？质有余者，不受饰也。”①认为材质本身已经足够美的话，再加上装饰反而显得多余。从另一个角度反对工巧，论述质朴的可贵。

《考工记》中“审曲面势”是指造物要顺应材料的特点，要认识材料的特征品性，从而适当选材用材。漆器，是我国传统工艺品。漆器专著《髹饰录》一书提出了“巧法造化，质则人身，文象阴阳”的工艺美学法则②。通过手工，将人完整而丰富的心灵，人的自由意志表达出来，体现了和谐的生存状态。

在明代各种造物中，地位最高、影响最为深远的正是具有“质朴简洁”特征的明代家具。明式家具素雅优美，重视表现材质本身的美感，与后来繁复的清式家具形成鲜明的对比。“工朴而妍”，制作风格朴素但是却很优美，精妙地概括出当时工匠们的艺术追求。在造物艺术上需重视器物材料的自然美感，造型或装饰时尊重材料自身的内在属性，主张“理材”、“因材施艺”。具体说即要求“相物而赋形，范质而施采”，工艺要“刀法圆熟，藏锋不露”，返璞归真，保存材质的“真”和“美”，充分利用材料的天生属性，体现造化神奇、自然情趣，使得器物展现出自然天真、恬淡优雅的趣味和情致。“反工尚简”的观点不仅出现在中国，也与西方的“现代主义”的风格不谋而合。现代主义的设计就是追求“少就是多”的原则，主张“形式追随功能”。力求将产品的材质美发挥到极致，同时这种简洁的设计风格能充分地利用资源，避免繁琐的装饰，减少了人力物力的浪费。

三、宁俭无俗

对明代苏州文人，清代伍绍棠有评：“士大夫以儒雅相尚，若

---

①（汉）刘向撰，卢元骏注译：《说苑今注今译》，台湾商务印书馆1979年版，第700页。

②田自秉：《中国工艺美术简史》，中国美术学院出版社2001年版，第52页。

评书品画，擒茗焚香，弹琴选石之事，无一不精。”① 文震亨正是这些儒雅士大夫的典型代表。他对造物的雅俗与否十分敏感，“雅”和“俗”两字也成了《长物志》中的高频词。《长物志》“器具”卷中就写道：“今人见闻不广，又习见时世所尚，遂致雅俗莫辨。更有专事绚丽，目不识古，轩窗几案，毫无韵物。”② 因为工业制造水平达到了很高的程度，江南地区商业又十分繁荣，当时工艺精巧，装饰奢华，精雕细琢，色彩艳丽的造物充斥于大众消费市场。文震亨痛批当时人们见识浅薄，附庸风雅，只求绚丽夺目，实则俗气之至，毫无韵味。

如何才雅？“雅”是《长物志》出现频率较高的又一个核心词汇。“雅”的本意指犬齿，引申为基准，标准。儒家崇尚儒士之雅，其特点是“正”。如《毛诗序》解释说：“雅者，正也，言王政之所由废兴也。”③ 道家崇尚名士之雅，其特点是“奇”，如庄子对藐姑射山之神人的描写，旨在张扬个性。对魏晋名士之“越名教而任自然”有重要影响。魏晋名士以率意自然、卓尔不群的行为彰显了清举绝俗的风貌，具有清、奇、高、逸的特点，丰富了道家关于“雅”的内涵。

文震亨从材质、工艺、形制、纹饰等多方面来考量造物是否雅致。材质方面，“文具……以豆瓣楠及赤水、椤木为雅，他如紫檀、花梨等木，皆俗”④；工艺方面，如“有古断纹者，有元螺钿者，其制自然古雅”⑤；形制方面，“镇纸，玉者有古玉兔、玉牛、

① （明）文震亨著，陈植校注：《长物志校注》，江苏科学技术出版社1994年版，第423页。

② （明）文震亨著，陈植校注：《长物志校注》，江苏科学技术出版社1994年版，第246页。

③ 郭绍虞主编：《中国历代文论选》，上海古籍出版社2001年版。

④ （明）文震亨著，陈植校注：《长物志校注》，江苏科学技术出版社1994年版，第312页。

⑤ （明）文震亨著，陈植校注：《长物志校注》，江苏科学技术出版社1994年版，第226页。

玉马、玉鹿、玉羊，玉蟾蜍、蹲虎、辟邪、子母璃诸式，最古雅”①。卷五书画中论道“宋元古画，断无此式，盖今时俗制，而人绝好之。斋中悬挂，俗气逼人眉睫，即果真迹，亦当减价”。由此可见，文震亨对造物有其独到见解，非常讲究造物的质地，质感，古典，雅致的材质。

所谓“宁俭无俗”，即追求简朴，切不可流于世俗。简朴，源自宋代陆游的《游山西村》诗：“箫鼓追随春社近，衣冠简朴古风存。”又见于明代高启的《素轩记》：“治室於舍之西偏，简朴粗完，无彩绘之饰。”明代末期，“简”与“俗”的矛盾不断深化，实质上是日益兴盛起来的市民文化对士阶文化冲击的表现。“俗”，即缺乏尊严而显得谄媚，缺乏真诚而显得虚伪，缺乏独立信念而显得从众。所以，“俭”是人格上的清高孤傲、不与世俗同流合污的品格。“宁俭无俗”，是明代士人们对高雅与低俗界限的恪守，更突显其清雅的艺术趣味及审美性格。为了符合文人造园艺术家的清简品格，明代家具器具的设计思路也应超然于世俗之外，突破死板僵硬的制作工艺体系。

文人的简雅淳朴，正是文震亨《长物志》中贯穿始终的审美理念。在器具、陈设的布置格局上，文氏坚决反对繁杂的陈设。《长物志》中多处描述家具摆设的数量都是取“一”为佳，处处彰显出文人清简的品格。如对坐几的描写：“……几上置旧研一，笔筒一，笔觇一，水中丞一，研山一，”② 在书案上置备一个古旧的砚台，一个笔筒，一个试笔碟，一个水盂，一个砚山；对置炉的描写：“于日坐几上置倭台几方大者一，上置炉一；香盒大者一，置生、熟香，”③ 在常用的坐几上放置一个日式小几，上面放一个炉子、一个存放生香和熟香的大香盒。在家具式样方面，文震亨主张

① （明）文震亨著，陈植校注：《长物志校注》，江苏科学技术出版社1994年版，第266页。

② （明）文震亨著，陈植校注：《长物志·卷十·位置·坐几》，江苏科学技术出版社1984年版，第348页。

③ （明）文震亨著，陈植校注：《长物志·卷十·位置·置炉》，江苏科学技术出版社1984年版，第351页。

既简洁又大方，曾在《长物志》中数处提及应忌讳窄长形状的样式。其中，以书桌为典型代表，文氏认为：“书桌中心取阔大，四周镶边，阔仅半寸许，足稍矮而细，则其制自古。凡狭长混角诸俗式，俱不可用，漆者尤俗。”① 书桌的桌面应宽大，四周的镶边只需要半寸左右，桌腿稍微矮而细，这样的规格制式才最自然古朴。狭长而圆角的桌面样式，都是不可采用的俗气设计，若上了漆，则更为庸俗。又如榻、椅，文氏认为：“一改长大诸式，虽曰美观，俱落俗套。”椅子更是“宜阔不宜狭”。按照旧式规格制作的榻、椅，若将其改成长大的样式，虽然壮观却也难免落入俗套。几的样式繁多，用途也各不相同。在室内家具的布置上，其样式、色泽、材质也是各有特定的规范。如天然几，“近时所制，狭而长者，最可厌”②。对于近年来制作的那种窄长的几案，文氏则认为最差。又如台几，“红漆狭小三角诸式，俱不可用”③，红漆的和狭窄的三角形样式的台几，都是不可取的。

文震亨向来不崇尚媚俗的装饰手法，他认为这样便落入俗套，缺乏趣味。如对香筒的描写：“……若太涉脂粉，或雕镂故事人物，便称俗品，亦不必置怀袖间。”④ 香筒，是为贮存香料而设，所以用透雕法制作，使其散发香味于居室之中。旧式的香筒，如果脂粉气太重，或者雕刻上人物故事，那就是很俗气的做法，文氏认为断然不可用。笔格，又称笔架，是文房常用器具之一。《长物志》中专门对笔格有这样的记叙：“……俗子有以老树根枝，蟠曲

① （明）文震亨著，陈植校注：《长物志·卷二·花木》，江苏科学技术出版社1984年版，第45~85页。

② （明）文震亨著，陈植校注：《长物志校注》，江苏科学技术出版社1994年版，第266页。

③ （明）文震亨著，陈植校注：《长物志·卷六·几榻·台几》，江苏科学技术出版社1984年版，第234页。

④ （明）文震亨著，陈植校注：《长物志校注》，江苏科学技术出版社1994年版，第423页。

万状，或为龙形，爪牙俱备者，此俱最忌，不可用。”① 古时有俗人将老树根盘曲成腾龙等各种形状的笔架，这是最忌讳使用的样式。从明代房室陈设装饰特征来看，多是以简素高雅的风格为主，更能显现文人潇洒脱俗的气质。

第二节　“虚实相生”

自古以来，中国艺术创作都很讲求虚实技法。“虚实相生，无画处皆成妙境”②。许多参与造园的文人，深受怡情养性的老庄道家学说影响。“无为”、“虚静”的人生观，“游心于谈，合气于漠”的处世方式也在园林布局结构上得到充分反映。讲究“笔墨简淡处，用意最微”③，以造景布局的写意为最佳境界。园林建筑布局经营的“虚实相生”，能产生一种奇妙的空间和虚灵的意味。通过精心安排，使得游览者在园林建筑景观中找到情感寄托与共鸣，感受到舒适与自由。如《长物志》道：“云林清秘，高梧古石中，仅一几一榻，令人想见其风致，真令神骨俱冷。故韵士所居，入门便有高雅绝俗之趣。若使堂前养鸡牧豕，而后庭侈言浇花洗石，政不如凝尘满案，环堵四壁，犹有一种萧寂味耳。”④ 考究的室内布局充分体现了“虚实结合”的原则，讲究“实景”与“虚景”相结合。“实景”即是简洁的“几榻”，“虚景”则为“高雅绝俗之趣”。元代画家云林的居所在高山丛林中，只设一几一榻，却令人联想到山居风致，顿觉通体清凉。因此雅士居所，进门就有一种高雅脱俗的风韵。如果前庭养鸡养猪，后院就不可能种花弄

① （明）文震亨著，陈植校注：《长物志·卷七·器具·笔格》，江苏科学技术出版社1984年版，第256页。

② 笪重光：《画筌》，载俞剑华：《中国古代画论类编》，人民美术出版社2000年第2期。

③ 恽南田：《南田画跋》，载于安澜：《画论丛刊》，人民美术出版社1960年第1期。

④ （明）文震亨著，陈植校注：《长物志·卷十·位置》，江苏科学技术出版社1984年版，第347页。

石，这样倒不如几案满尘、四壁矮墙，还有一种萧瑟寂静的意味。实现如此意境的关键在于“虚”和“实”的有机结合，以广阔的空间、无限的意象来塑造悠远、宁静、隐逸的艺术氛围。这样，通过悉心经营，就使人们在园林建筑景观中找到了情感寄托，感受到舒适与自由。

清代文人笪重光在《画筌》中说：“空本难图，实景清而空景现；神无可绘，真境逼而神境生。位置相戾，有画处多属赘疣；虚实相生，无画处皆成妙境。”“虚实相生，无画处皆成妙境”，这一画论作为中国艺术创作的指导方针，延续至今已有几千年历史，具有鲜明的中华民族特色。中国画意境的传达有赖于画中“虚实”的表现，画中“虚实”是画家深刻参悟自然之境，抒发胸中之意的手段，是画家主观精神境界和艺术修养的综合体现。虚实，一般指笔墨的有无、多少，或者以直接描绘为实，间接映衬为虚，有限为实、无限为虚。虚和实是对立的双方，但在一定条件下二者会相互转化。正如宋代李澄叟《画山水诀》中说道：“稠叠而不崩塞，实里求虚；简淡而恐成孤，虚中求实。”“实里求虚”，体现出虚空之妙尽可以从实处得来的画理所在；“虚中求实”，将不着笔墨处的虚空衬托成美妙的境地。二者相互结合是实现“虚”“实”矛盾对立统一的途径，这也就是中国画所特有的美学精髓。

中国园林设计也深受“虚实相生”这一概念影响，历代造园艺术家都强调疏密、虚实关系在造园构图中的重要性。“实景”是指布置在园中的建筑、山石、水体、花木等景观，是园中空间范畴内的现实之景。“虚景”是指“实景”以外没有固定形状、色彩的景观，如月影、花影、树影、风声、雨声、鸟语花香、云雾、日月星辰等产生的艺术境界。实景空间是有限的，而虚景空间是无限的。中国古典园林中，无论是景观布置，还是建筑结构乃至空间布局，都要做到有疏有密，有虚有实，彼此形成鲜明对比，增强艺术效果。例如，空旷的庭院中以小亭点缀，是虚中求实；茂密的丛林中留有一片空地，则是实中求虚。虚实空间上的对比变化严格遵循“实者虚之，虚者实之”的规律，因地而异，变化多端。

一、掩映

在中国传统园林设计上，古人娴熟地运用“掩映”这种手法来实现空间结构层次变化。所谓“掩映”，“掩”是遮蔽，“映”指显露，二者说明景观元素之间相互隐显的关系。在园林景观布置中，山峦崖壁、树木花卉、楼台亭阁的方位即造型变化，产生近景、远景、俯景、仰景的相互关系，形成景观层次与深度的丰富效果。例如，苏州环秀山庄就充分运用这种造园手法。在狭小的空间中叠山植木，建筑高低错落，与树木和山石交错相映，韵味无尽(图 5-1)。

图 5-1　“掩映”之美

事实上，明清文人普遍地借鉴山水画典型形象来造园。例如绘画常用“山环水抱”的山水构图，唐志契说画山要“环抱起伏之势，如跳如坐，如俯仰，如挂脚”，山水结合“水便得涛浪潆洄之势，如绮如云，如奔如怒，如鬼面”①。明清文人也照此来布局人工山水，郑元勋在《园冶·题词》中说园林的水要“得潆带之情”，山要“领回接之势”草木要“适掩映之容”才能“日涉成趣”，不能说没受山水画程式的影响。又如出版于康熙十八年的《芥子园画传》一书所总结的山石法、画山起手法、峦头法、流泉

① （明）唐志契：《绘事微言·山水性情》，载《中国历代画论选》，第123页。

瀑布石梁法之类的画法和形象，也可以原状不变地运用于造园。

在中国古典园林中，水是最不可缺少、最富有魅力的一种造园要素。大型水体则有滔滔不绝之势，给人以恢弘磅礴的触动；小型水体有虚涵明澄之美，可以给人舒畅空旷的感受。无论体量大小，水都可以使人的视线无限延伸，在感观上扩大了空间。对于大体量水体造型，可增加景物和空间层次，使水面有幽深之感。如《长物志》中对瀑布的描写：“……尤宜竹间松下，青葱掩映，更自可观。”① 园林中，最适宜在竹林松树之下建造瀑布，流动的水体在青翠掩映之中更加唯美，造成潺潺流水的虚境。对于小空间水景处理可以通过建筑和绿化，将曲折的池岸加以掩映，造成池水无边的视觉假象。例如《长物志》中对街径庭除的描述中，曾记载：“……花间岸侧，以石子砌成，或以碎瓦片斜砌者……”②，又如文震亨认为柳树“更须临池种之”③。花木间的小道、池水岸边，用石子铺砌，或者用碎瓦片斜着嵌砌，或以杨柳点缀，若有似无的涓涓溪流产生了意犹未尽的联想。总之，以树木掩体，或以乱石为岸，都令人产生深邃山野风致的审美感觉。

建筑是中国古典园林重要的组成部分。居住和赏玩是园林建筑两大基本作用。除此之外，园林建筑还兼具分割空间的重要作用，这正体现出园林建筑功能的多重性。如照壁，即“玄关”，通常设置在古代民居的第一道外门后或者室内厅堂正中间。照壁源于古代的风水学说，是独具特色的中式园林建筑之一。就其功能而言，它既可以遮挡外人的视线，又可以烘托宅邸的气势。《长物志》中曾提到“照壁”，文震亨如是说道：“得文木如豆瓣楠之类为之，华而复雅，不则竟用素染，或金漆亦可。青紫及洒金描画，俱所最忌。亦不可用六，堂中可用一带，斋中则止中楹用之。有以夹纱窗

① （明）文震亨著，陈植校注：《长物志·卷一·室庐·窗》，江苏科学技术出版社1984年版，第23页。

② （明）文震亨著，陈植校注：《长物志·卷六·几榻·架》，江苏科学技术出版社1984年版，第240页。

③ （明）文震亨著，陈植校注：《长物志·卷二·花木·柳》，江苏科学技术出版社1984年版，第67页。

或细格代之者，俱称俗品。”① 他认为要选用纹理深刻的木料来做照壁，才最能彰显出华丽与雅致之美，若用没有纹理的木材来做，则全部用白漆或者清漆。最忌讳用青紫色描画或者以碎金箔做装饰。照壁不能用六面，厅堂可用长幅的，室内就只在当中设置。有的用夹纱窗或者细木格子代替，这些都流于低俗之辈。照壁，这种特有的建筑形式，体现出中国文人含蓄、内敛的真性情。此外，大体量的建筑容易给人造成压迫和壅塞的感觉，尤其在面积较小的空间中这种现象更加明显。苏州沧浪亭的看山楼就很好地解决了这一问题，造园者选用树木和山石将次要的建筑实体遮掩，旨在改善环境氛围的同时，也给游览者增添空间想象余地。

二、映衬

映衬，是修辞学中的辞格之一，指并列相对的事物，使其相互对照，相得益彰。运用对比手法来突出主体，是映衬的核心内容。在园林空间设计中，古代造园艺术家们更善于利用对比手法，从相对的方面来衬托、渲染主题景致，极大地增强园林景观的艺术感染力。例如，苏州拙政园的留听阁就是一个典型的例子。留听阁位于一片荷塘旁，山石环绕，影波浮碧，恰逢雨天则能够听取雨滴击打荷叶的声趣，以动写静，从而渲染出一种寂静和空灵的意境。

园林亭榭就是造园家精心设置的观景点。为了使四周景物相互映衬，亭台楼阁和走廊顺势而建，结合地形布置，并且采用多花窗、矮墙的通透造型以便于景色的互透。江南园林有许多私家园林建筑物以门窗代替实体墙面，当门窗全部打开时，阁楼就变为开放性建筑，与周边景观融于一体。如扬州“个园”有一厅，称“透风露月”，描述出建筑的通透特征。因为门窗的虚空，园林美景似隔非隔，造成丰富深远的层次和园林深境；因为房屋内外空间相互沟通，使建筑物和自然环境组成有机的整体。《园冶》说：“轩楹

① （明）文震亨著，陈植校注：《长物志·卷一·室庐·照壁》，江苏科学技术出版社 1984 年版，第 26 页。

高爽，窗户邻虚，纳千顷之汪洋，收四时之烂漫。”① 这就写出了江南园林建筑的开敞特征，门窗的一纳一收就将四时八荒的自然融入了建筑，把窗外的景物变成眼中的美景，相互映衬。通过花窗、隔断、矮墙等要素将建筑与自然界融合为一体，塑造一个往复不尽的视觉空间，通过景色的互借将自然美景摄入为人居建筑物的一部分。

在园林布景方面，恰当地运用配景以配合、陪衬、烘托、突出主景，既要在造型、色彩等方面形成对比，又要注重相互呼应、浑然一体的景观效果。如文震亨在《长物志》中对阶的描写：“……种绣墩草或草花数茎于内，枝叶纷披，映阶傍砌”②，在石缝间隙里种上一些“沿阶草”或者野花草，枝叶纷纷，披挂在石阶上。在古代文人眼中，刘禹锡《陋室铭》中“台痕上阶绿”更有韵味，郁郁葱葱的绿草一直都是配合园内台阶而种植，寓意勃勃生机；对山斋的描述：“……绕砌可种翠云草令遍，茂则青葱欲浮”③，沿着山斋的屋基全部种满翠云草，夏日茂盛时，就会苍翠葱茏，随风浮动。以大自然的“青葱欲浮”为配景，更加衬托出山斋的宁静幽远。

在园林意境营造层面，多体现以小见大或以动求静的哲学思想。各种各样造景元素相互协调，是古代造园家广为流传的技法之一。如文震亨在《长物志》卷三水石中说道：“……一峰则太华千寻，一勺则江湖万里”，造一山，可以再现壁立千仞之险峻，设一水，则能够幻想江湖万里之浩渺，以精微的景致彰显博大的气势。又如对竹的一段描写：“种竹宜筑土为垅，环水为溪，小桥斜渡，陟级而登，上留平台，以供坐卧，科头散发，俨如万竹林中人也。”文震亨认为竹子最好是栽种在用土垒筑的高台之上，四周引

① 《园冶·立基》，《园冶注释》，第71页。

② （明）文震亨著，陈植校注：《长物志卷一·室庐·阶》，江苏科学技术出版社1984年版。

③ （明）文震亨著，陈植校注：《长物志卷一·室庐·阶》，江苏科学技术出版社1984年版。

水成溪流，置小桥渡溪，然后拾级而上，上面留平台供人坐卧，披头散发，置身其间，俨然林中仙人。以“竹格”寓“人格”，抒写文人气节。通过将山竹、溪流、小桥等景物融合，营造出幽远雅致、隐逸遁世的境界。

三、画境

传统园林是一门空间造型艺术，园林建筑的总体布局和位置经营也得遵循疏密有致的原则，要有疏有密、相辅相成。如《长物志》卷十“位置”篇中对椅榻屏架的描述：“斋中仅可置四椅一榻，他如古须弥座、短榻、矮几、壁几之类，不妨多设，忌靠壁设数椅，屏风仅可置一画，书架及厨俱以置图史，然不宜太杂，如书肆中。”① 居室内只能设置四把椅子，一张卧榻，其他的诸如佛像、短榻、矮几、壁几等，可以多多放置，不过忌讳多把座椅靠墙并排摆放。屏风只能设立一面，书架及橱柜可同时置备，用来存贮书画典籍，但也不宜太过于繁杂。稀松的椅榻，紧凑的装饰，这种室内空间布局上的不均匀，疏密变化较为强烈，达到主体鲜明的效果。

在我国古代画论中有“疏可走马，密不通风”一说，所谓疏，即稀松，密，指紧凑。这就要求在画面构图上，密处重山叠峦，以浓墨重彩突出厚重凝练的画风，疏处不着一笔，以大量留白展现无限风光，不画人只见曲径通幽，不画水却现波澜万丈，给人留下广阔的想象空间。疏与密，既是艺术创作中一对辩证的矛盾，又是完美的契合。涉及疏密布置，《长物志》中提及竹的栽植时，有这样一段记载：“种竹有‘疏种’、‘密种’、‘浅种’、‘深种’之法；疏种谓：‘三四尺地方种一窠’，欲其土虚行鞭；密种谓：‘竹种虽疏，然每窠却种四五竿，欲其根密’；浅种谓：‘种时入土不深’；深种谓：‘入土虽不深，上以田泥雍之’，如法，无不茂盛。”② 种

① （明）文震亨著，陈植校注：《长物志·卷十·位置·椅榻屏架》，江苏科学技术出版社1984年版，第350页。

② （明）文震亨著，陈植校注：《长物志·卷三·水石·广池》，江苏科学技术出版社1984年版，第102~103页。

竹，有“疏种”、“密种”、“浅种”、“深种”四种方法。可见于《种树书》，“禁中种竹，一二年间无不茂盛，园子曰：‘初无他术，只有八字，疏种、密种、浅种、深种’。”文震亨在此也特别详细描述了这四种栽植竹子的方法，疏种是指应间隔三四尺种一窠，使其根能有自由伸展的空间；密种是指每窠必须有四五株，使其茎竿能密集相生；浅种是指栽种时不宜入土过深；深种是指在根上必须培植泥土加以保护。可见，在植物景观的栽种和培育上，疏处与密处应合理安排，该稀疏的地方就要着意于“疏”，即便“疏能走马”也不能空洞无物；该密集的地方就要大胆地“密”，即使“密不通风”也不致闭塞不通。园林景观布置的关键在于从全局上把握“疏密有致”，疏与密的关系既是相对的，又是统一的，不能把“疏”或“密”当做完全孤立的两个部分来处理，要实现“疏中有密，密中有疏，疏中有疏，密中有密”。

中国古代造园讲求“疏密有致”，强调园林的景观布置和空间布局都要做到既有稀疏浅淡处，也有茂密浓重处，收放自如，别有一番情趣。例如，北海琼华岛的平面布局就呈现出这种疏密的变化。从南山到西山、北山、东山建筑的位置经营正是在由密到疏、由疏到密之中，形成节奏强烈的景观变化。其他如网师园、留园、豫园等著名江南园林，也都采取疏密相间的布置风格，并收到了很好的效果。

文震亨在园林建筑的位置经营上效仿着明代山水画构图理论。中国画论中的主次、开合、虚实、疏密、藏露等是有关空间布局的法则，为传统园林建筑构景和布局打下了坚实基础，这些理论也在现实空间中得到验证和发挥。中国古典园林一般以自然山水作为景观构图主题，建筑只为观赏风景和点缀风景而设置。因此，园林建筑设计要把建筑作为一种风景要素来考虑，使之和周围的山水、岩石、树木等融为一体，共同构成优美景色。建筑布局化整为零、高低错落、进退曲折的组合也易取得与自然环境的和谐。同时，还在于建筑与其他构景要素之间的结合、协调和统一，以及建筑构图的灵活布置。

从园林建筑结构、环境空间格局、人文情感关系的角度来看，“动静结合、虚实相生”的意境完全符合中国古典园林的审美情趣和艺术要求。通过以“点”成“线”、以“线”带“面”的表现手法，园林中鸟兽鱼虫、山水草木、楼阁亭榭相映成趣，形成一幅优美的自然风景画。以造型轻巧的建筑点缀山池林木，无疑是对自然风景锦上添花；而以适当的人工建筑点染环境，也可以使平庸无奇的自然风光变得丰富生动起来。例如文震亨在《长物志》中指出，在广池中间“可置台榭之属，或长堤横隔，汀蒲、岸苇杂植其中”，在池中最广阔的地方“可置水阁，必如图画中者佳”①。亭台楼阁是中国古代园林中极为常见的建筑类型，或傍临水畔或位于水中而建，开阔宁静的水面，涵映出周围的高峻建筑，呈现出虚实相生之美。以亭台为是空间构图中的“点”，辅以草木相伴成“线”，勾勒出深邃而极具山林意趣的画面。园林的内、外部空间的相互渗透特性，有利于园林内部的建筑空间与园林外部的自然空间实现相互呼应、相互沟通。以灵活的平面构图，迂回曲折的空间序列，精心安排的尺度造型，在时空不断推移和转换中，通过有与无，实与虚，直与曲等手法，形成从“点”的单向静态景观到“线”的多层面动态景观。迈步其中，既是在欣赏建筑，也像是在聆听或优美或雄壮的旋律，这就是中国传统园林建筑动态空间美的具体体现。中国传统文人园林建筑的空间美，也就随着时间进程，在虚实相间的空间布局中流溢出来。

明代大批文人画家参与构园，造园艺术家又能以意创为假山，峰壑湍濑，曲折平远，经营惨淡，巧夺天工，参照李成、董源、黄公望、黄鹤山樵等画家的笔法来堆山叠石。

《园冶园说》云：“岩峦堆劈石，参差半壁大痴。”叠山及峰石与绘画一样，山水画皴法中有“大斧劈”、“小斧劈”等皴法，堆斧劈形之石壁，往往用“元四家”之一黄公望的皴法。黄公望，又号大痴道人，所画千丘万壑，愈出愈奇；重峦叠嶂，越深越妙。

① （明）文震亨著，陈植校注：《长物志卷一·室庐·阶》，江苏科学技术出版社 1984 年版。

所作水墨，效纹极少，笔意简远。也常用王蒙皴法。王蒙，元四家之一，隐居黄鹤山，因号黄鹤山樵。用墨得巨然法，用笔亦从郭熙卷云效中化出，纵逸多姿。拙政园兰雪堂前的观赏石峰“缀云峰”，原为明代画家、叠山高手陈似云用大小不等的湖石叠成，自下而上，逐渐硕大，其巅尤壮伟，其状如云。峰顶用黄鹤山樵（王蒙）云头效法，缀成峥嵘一朵。

园林环境的空间构图与文人画画面安排统一，讲究深远而有层次。反映在布局上，就是成功地运用因借、障景、观景、对景、点景等手法，使人们的目光所至，均为绝好图画。宣重光《画荃》说：“虚实相生，无画处皆成妙境。”这园林中的“峭壁山”，“借以粉壁为纸，以石为绘也。理者相石皱纹，仿古人笔意，植黄山松柏、古梅、美竹，收之园窗，宛然镜游也”

白墙下点缀湖石花木，并于粉墙上镶嵌题匾，如此组成的一幅山石花木图，更是妙不可言，如拙政园的“海棠春坞”，以丛竹、书带草、湖石和墙上书卷形题款，组成一帧国画小品。

以白粉墙当纸，前植名卉嘉木，可清楚地看到由阴面白色粉墙衬托出来的花影，姿态优美，光彩艳丽，如拙政园“十八曼陀罗花馆”南面天井中，靠南白粉墙种有十八株山茶花，花有粉红、深红、白色，花期十分绚烂，还配置两株白皮松，东角有假山一座，构成一幅由松、山茶、假山组成的实物的立体画面。

园林建筑通过各种借景的艺术手段，俗则屏之，嘉者收之，使园中每个观赏点都深远而有层次。园中各类长廊，诸如空廊、复廊、楼廊、水廊等，厅堂内的落地长窗或窗框，墙上的洞窗、漏窗也都成为一个个取景框，如一幅幅动画。小亭是“常倚曲阑贪看水，不安四壁怕遮山”。

园林许多建筑小品亦如画，窗为桃形、扇形、心形、咫形及海棠、梅花等，门为月牙形、古瓶形、葫芦形等，小径铺成人字形、波纹形、回纹、鹿、鹤、莲、金鱼等花纹，水池中，不仅有天光云影徘徊，而且水面上还点缀睡莲、荷花，水中穿梭着金鱼及各色鲤鱼。阶砌旁边栽几丛书带草，墙上蔓延着爬山虎或蔷薇木香、几竿修竹或一棵芭蕉，盘曲嶙峋的藤萝枝干等，无不是一幅幅好画。

第三节　“格韵兼胜”

中国古典文人园林的主人是士大夫知识分子，他们当中不乏著名文学家或书画家，他们营造的供居住和赏玩的私家园林是其文化思想和文学修养的再现。作为晚明时代的知识分子，文震亨面对摇摇欲坠的王朝，只好选择以隐逸遁世的心境投身于经营古雅天然的物境。品玩赏鉴、吟诗作画成为他表达理想和无限忧思的工具，也成为宣扬和捍卫知识分子人格的武器。《明画录》曾经说他“画山水兼宗宋元诸家，格韵兼胜”。或憩息于庭院，饮酒自酌；或流连于沿壑涧水，亲近自然；或如飞鸟萦绕于翠丛，来去自如。这正好体现古代文人的社会理想和精神寄托。回归田园，崇尚自然，是古代文士追求淳朴真诚、淡泊宁静、无身外之求的人生。正如《长物志》“位置”卷中所提到的：“云林清秘，高梧古石中，仅一几一榻，令人想见其风致。”这是一种文人士大夫审美意趣的即兴之作，反映了他们远离尘世、优游林下的精神诉求和孤高傲岸、落落寡合的生活态度，也流露出他们以诗文书画自娱、逃避现实的心境情怀。

一、意动

苏东坡作诗论唐朝大诗人兼画家王维（摩诘）的《蓝田烟雨图》说：“味摩诘之诗，诗中有画；观摩诘之画，画中有诗。”诗曰：”蓝溪白石出，玉山红叶稀，山路元无雨，空翠湿人衣”。“味摩诘之诗，诗中有画”。（苏轼《书摩诘蓝田烟雨图》）王维的诗也像他的画一样，不是“金碧山水”，而是“水墨山水”。他的诗语言疏朗自然，清丽流畅，构思明净浑成而不枝蔓琐细，色彩映衬鲜明，画面动静相宜，特别是能细致地表现出自然界光色和音响的细微变化。他的诗还物色带情，情景交融，青山绿水间处处透露出诗人独特的个性，感受和情思。同时通过诗词传递出独有的意境，曲折传神地道出了诗人盼秋之情、慕秋之意。一阵新雨刚刚过去，静谧的山林愈加寂静，晚风吹拂，秋意浓厚，能感受到山居环境的宁静和清幽。

不同于西方艺术，中国古典艺术凝聚着独特的艺术境界和文化精神。正如文学家王国维所说，“中国古典艺术所创造的意境，就多数来说，突出显示了道家和禅宗的世界观”。为了满足人们日常生活中的审美需求，中国传统的造物艺术通过一定形式语言来营造氛围和传达格调，恰好印证了苏东坡提出的“寓意于物”。在器物制作中，“意”突出表现为意匠美。中国传统文化中对于完满和谐意境的追求，在传统瓷器制作中得到具体体现。瓷器艺术讲究外在的完美造型和内在的唯美意蕴之间的和谐统一。例如，宋代钧窑瓷器中的精品——钧窑尊通体施釉，白色粉饰内壁，蓝色和紫红色渐变地粉饰外壁，造型简洁，饱含朴素韵味。通过造型、材质、肌理、装饰等艺术手段，宋瓷的气韵和意境才能如此完满地得以呈现。宋瓷含蓄的形制和低调的釉色，表达出一种寂静空灵的艺术境界，彰显了“玉境”的雅人风范。同时，宋瓷大量使用诗情画意的装饰画和典雅深沉的色调，透露出恬淡、委婉、深刻的东方情调。

意动，是文言文中一种特殊的动宾关系。所谓“意”，就是“主观认为”，即主观上对某种事物的认知状态。意动用法实质就是一种主观上的意念。如《伤仲永》中说道：“邑人奇之，稍稍宾客其父。”“宾客其父”，意即“以宾客之礼待其父”。又如《桃花源记》曾有：“渔人甚异之。”“异之”，即“以之为异”。就中国古典园林而言，建筑及其他各造园元素基本都属于静态，通过人的情感体验，将其化为动态意象，从而增加空间的生动性和形象性，即“化静为动”，这也是以景传情、营造意境的重要手法之一。中国园林的意境，被称为“凝固的诗，立体的画”，它是同传统文化和美学艺术紧密相关，不可分割的。中国传统文人造园，重视神似与韵味，将其恬静淡雅的意蕴、浪漫飘逸的气质、朴实无华的情操，与诗情画意相互融合，展现一种朦胧含蓄之美。

文氏在“室庐”卷开篇即写道：“要须门庭雅洁，室庐清靓。亭台具旷士之怀，斋阁有幽人之致。又当种佳木怪箨，陈金石图书。令居之者忘老，寓之者忘归，游之者忘倦。”① 旷世：豁达大度，悠然自得之雅士。怪篠：奇异品种。金：青铜器之属的古董。石：碑碣。意思是说：居住在城市之间，要鸟语花香，僻静优雅，设置的庭斋，都依文人之士造作，植树取佳，栽竹求怪，陈列古董碑碣等等，造就高雅文化氛围，营建避俗、雅致的意境，匠心独运，从此可见古代文人园林设计注重意境的营造，环境和文人氛围要考究。

文震亨不仅是要建筑本身要古朴、雅致，古色古香，对建筑的各个组成部分也有详细的要求，甚注重整体的统一古雅审美。如：要求门：“石用方厚浑朴，庶不涉俗。”② 门槛的石头要用方正浑厚的，自然才不俗气。阶“自三级至十级，愈高愈古，须以文石剥成。取顽石具台斑者嵌之，方有岩阿之致”。③ 门前石阶愈高愈显得古朴，石头要用有纹理的剥开制成，用形状不规则，带有苔藓痕迹的石头镶嵌，台阶，才有原始古朴的风味，营造的一种古雅、自然的环境。要求栏杆“石栏最古，第近于琳宫、梵宇、及人家冢墓。傍池或可用，然不如用石莲柱二，木栏为雅。形字者宜闺阁中，不甚古雅；取图画中有可用者，以意成之可也”。④ 运用石栏是因为石材最是显得古朴，萧静，雅致。木栏却显得雅致，因此都是作者所提倡的。对于卍字的图案不太古雅，所以不赞成置于室外。

对于山斋“庭际沃以饭籓，雨渍苔生，绿褥可爱……有取藓

① （明）文震亨著，海军、田君注释：《长物志图说》，山东画报出版社 2004 年版，第 1 页。

② （明）文震亨著，海军、田君注释：《长物志图说》，山东画报出版社 2004 年版，第 3 页。

③ （明）文震亨著，海军、田君注释：《长物志图说》，山东画报出版社 2004 年版，第 5 页。

④ （明）文震亨著，海军、田君注释：《长物志图说》，山东画报出版社 2004 年版，第 9 页。

荔根瘗墙下，洒鱼腥水于墙上引蔓者，虽有雅致，然不如粉壁为佳”。① 山斋即园林中处于幽深僻静处的小屋子，自然要打扮的古色雅致，浇上一些米汤，雨后生出厚厚的苔藓，青翠可爱。文氏在造园的每个过程中无不体现出他努力塑造的古雅意境，同时又增加些许悠然人生的文人情怀。

又如《长物志》中对琴室的一段描述：“古人有于平屋中埋一缸，缸悬铜钟，以发琴声者。然不如层楼之下，盖上有板，则声不散；下空旷，则声透彻。或于乔松、修竹、岩洞、石室之下，地清境绝，更为雅称耳!”② 古时有人在平房的地下埋一口大缸，里面悬挂铜钟，用此与琴声产生共鸣。但是这也比不上在楼房底层弹琴的效果，由于上面是封闭的，声音不会散；下面空旷，声音也更加透彻。或者设在大树、修竹、岩洞、石屋之下，地清境净，更具风雅。琴室为主人抚琴之所，是一处全封闭的空间。琴室一般设置在数层之下，房屋的大小应适宜，过大则声音容易分散，过小则声音会显得沉闷。最好的琴室应为下层空旷，上层有楼板，周边配有树木、山石、泉水的房屋。可以说，琴声随空间不停地流动、起伏、变幻，能给人一种激动人心的旋律感，这就使本来静止的空间具有“流动”的特性。这种时空合于一体的“流动”美，正是中国传统园林建筑空间最本质的美学内涵。无论是在规整式空间布局还是在自由式空间布局中，门、檐、廊、亭、榭、馆等都起着重要的连接和贯通作用。它们就像音乐旋律上跳动的一个个音符，是建筑流动空间不可缺少的重要组成部分。此外，中国古典园林中还常常借植物传达情趣和营造意境。例如，福州西湖八景之一的“荷亭晚唱”，取自著名诗句“孤亭水上浮，四面荷香起。日暮采莲归，歌声隔秋水”；另一处“仙桥柳色”景点，则烘托出“迎仙桥畔万条丝，淡荡春光二月时”的意趣。对于这绝美的景色，林则徐也曾

① （明）文震亨著，海军、田君注释：《长物志图说》，山东画报出版社 2004 年版，第 14 页。

② （明）文震亨著，陈植校注：《长物志·卷一·室庐·琴室》，江苏科学技术出版社 1984 年版，第 32 页。

盛赞：“人行柳色花光里，身在荷香水影中。”无论从视觉角度，而且还从听觉、嗅觉等感官方面，都很好地营造出诗情画意的氛围。中国传统的古典园林意境传达是通过园林空间的组合、过渡、转化和碰撞，配合游览者视觉、听觉、触觉的现实感受，构建富于诗意的园林景观，塑造幽深隽永的美学效果。

二、婉曲

婉曲，即采用委婉曲折的方式和含蓄闪烁的言辞，流露或暗示想要表达的本意①。文学作品讲究含蓄，古人品鉴文学作品时曾有一段精辟的言论：“文有三等：上焉藏锋不露，读之自有滋味；中焉步骤驰骋，飞沙走石；下焉用意庸长，专事造语。”② 不以直率的语言词句来表达辞意，却运用欲放还收的修辞技法，使意于言外，让读者自行体味领悟其中的玄妙，才称之为上佳之作。如李清照《凤凰台上忆吹箫》：“香冷金猊，被翻红浪，起来慵自梳头。任宝奁尘满，日上帘钩。生怕离怀别苦，多少事、欲说还休。新来瘦，非干病酒，不是悲秋。”从室内的萧寂，无心整理锦被，慵懒梳妆打扮，足见主人翁生活的百般无聊。“欲说还休”则将无限的“离怀别苦”都强自压抑下来，暂且不表露心声。明明是抒发离别相思之苦，却拐弯抹角地用“非干病酒，不是悲秋”之类的托辞，这恰是隐微婉曲的最佳写照。李商隐的《嫦娥》中道：“云母屏风烛影深，长河渐落晓星沉。嫦娥应悔偷灵药，碧海青天夜夜心。”通过细致刻画嫦娥的寂寞凄凉，暗喻天才的孤寂、惆怅，将“高处不胜寒”的感受与冥思借由诗情表达得淋漓尽致，从而引发了读者的共鸣。该诗成为咏叹嫦娥的千古名句，婉曲含蓄，蕴藉无穷。

作为一种典型的寄情于物的艺术，中国女红以多元化的形式传递崇拜、敬仰、取悦等一系列情愫，发挥着以物抒情，借物寄情的

① 吴剑：《浅谈委婉含蓄》，载《现代语文研究（下旬）：语文研究》2007年第10期。

② 王构：《修辞鉴衡》，引《丽泽文说》。

教化作用。例如，荷包，人们所随身佩带的一种装零星物品的“小囊”，图案以花卉、鸟、兽、草虫、山水、人物以及吉祥语、诗词文字居多，装饰意味很浓。在民间，未婚的女子往往会给爱人送一个绣荷包，以传达浓浓的爱恋之情；女儿家出嫁时也会绣些荷包，如钱袋、镜袋、香包之类，赠与亲友们作为一种婚礼的纪念。如此一来，荷包成为传情达意的载体，充满了灵性与情谊。除具备实用之功能以外，荷包也逐渐升华为民族情感和传统文化的积淀。又如，鞋花是广泛用于鞋面上的一种装饰品，也是中国民间传承的一种最富文化情趣的花样剪纸。作为衣冠大国，中国一贯重视足履，曾经还有“以履为礼”的古代习俗。因为“合鞋”同“和谐”，鞋子既实用又合情理，被视为是民间礼尚往来的馈赠佳品。中国素有礼仪之邦之美誉，传统女性一生都在做鞋。用蕴含礼仪元素的鞋花，搭起协调人际关系的桥梁，促进人与人之间的和谐沟通。

在苏州园林中，网师园堪称古典山水宅园的美学典范，处处流露出园主当时的清幽心境。网师乃渔夫、渔翁之意，又与“渔隐”同意，含有隐居江湖的意思。正如其名，造园布局和建筑设计都蕴含着浓郁的隐逸气息。网师园的大门朝向十分独特，并没有面对着赫赫有名的“十全街”，而是选择在一条羊肠小巷的尽头。要想一睹网师园的风采，必须穿过窄巷小弄，脚踩着铺满斑驳青苔的石子路，一路曲曲折折行至小巷深处。这也恰恰印证了园主“不事王侯，高尚其事”的崇高情操，不攀富贵，偏爱高洁，追求古朴雅致的人生。

这种婉转曲折的创作技法在中国古典园林设计中也贯穿始终，特别是传统建筑空间设计中做到有曲有藏，有深有密，则含蓄有致。例如，留院的“五峰仙馆”就很好地利用曲折收放，突出建筑空间的宽敞明亮。“五峰”源于李白的诗句：“庐山东南五老峰，晴天削出金芙蓉。”“五峰仙馆”是留园中部一处较大体量的建筑，造园者将其隐于小体量的建筑群之中，既要保证建筑中有充分的光线，又要能拓展建筑的视觉空间。文震亨在《长物志》中也不断强调了园林造景的“曲”，如卷一海论中的“凡入门处，必小委曲”①，正是描绘了这一特色。“小委屈”是指小有曲折，但凡进门之处，一定要稍有曲折，不能太直。在进入室内的时候，应由委婉的曲径过渡到开阔、明朗的空间，通过曲折的空间收放，对比突出室内空间的敞丽。又如“楼梯须从后影壁上，忌置两旁，砖者作数曲更雅”，“小溪曲涧”，楼阁也要“回环窈窕”，这些曲径、曲池、曲楼，大大增加了景物的层次，可以在有限的地域内呈现出丰富的风景画面，使园景更为自然多趣。通过清新自然的美景描绘，含蓄曲折地表达出大古大雅的审美观照，用意巧妙，深婉厚重。空间之“曲”，即是使景致曲而藏之，不使它全部显露出来，其实质就是欲露先藏。在传统建筑结构方面，我国古典园林吸收中国画含蓄有致的创作理论，主张“山重水复疑无路，柳暗花明又一村”的抑景手法。将一些重要的景观通过“婉曲”掩藏起来，园林的主景与高潮不是一目了然，而是“犹抱琵琶半遮面”。委婉曲折，藏露得宜，能使整个游览过程出现某种戏剧性跳跃，从而增强了园林空间的艺术感染力。

三、雅格

雅，即高尚，美好。见于《汉书·张禹传》中：“忽忘雅素。”清纪昀的《阅微草堂笔记》：“此怪行踪可云隐秀，即其料理刘生，不动声色，亦有雅人深致也。”格，则指品格，格调。唐代李中的《庭苇》一诗中说道：“品格清于竹，诗家景最幽。”雅格，意指高雅的人情趣深远，举止不俗，品格高尚，这也是古代文人志士格心与成物之道的重要原则之一。随着人类文化意识的加强，精神情感的丰富，传统园林的功用不再仅仅局限于居游赏玩，而上升为承载哲学思想和文化艺术的平台，成为人类身心共寓、荡涤心灵的场所，所以托物言志才是中国传统园林空间意境营造的核心目标。例如，无锡惠山东麓的寄畅园，其布局精妙得当，极富山林野趣、清幽古朴的自然山林风貌。由于毗邻惠山寺，通过借景、叠山、理水

① 陈从周：《园林谈丛》，上海文化出版社 1980 年版。

的手法，将山峦叠嶂、湖光塔影自然引入园内，营造出自然、和谐、灵动的园林意境，寄托了园主追求朴素生活的向往。

借造景抒发意趣是中国传统造园艺术的核心思想。文震亨在《长物志》开篇就提到：“吾侪纵不能栖岩止谷，追绮园之踪，而混迹廛市，要须门庭雅洁，室庐清靓。亭台具旷士之怀，斋阁有幽人之致。”① 由于世俗的羁绊，文震亨对不能栖居山林、追寻古代隐士踪迹的现状大为感叹。为了保持这种清新脱俗的思想境界，即使混迹于凡尘俗世，也一样要做到门庭雅致，屋舍清丽，亭台楼阁的布局设计要兼具文人情怀和隐士风致。对茶寮的描写：“构一斗室，相傍山斋，内设茶具，教一童专主茶役，以供长日清谈，寒宵兀坐；幽人首务，不可少废者。”② 在园林内构筑一间小屋与山居相毗邻，设为茶室。雇佣小工煮茶，专供白天夜晚清谈闲聊的茶水。茶，在中国最早的文字记载可以追溯《神农草本经》：“神农尝百草，一日遇七十毒，得茶以解之。”随后，品茶开始逐渐成为文人墨客的风雅趣事，饮茶风气盛行，这也是山林隐士的首要之事。借品茶之机，畅叙人生，抒发情意，是文人士大夫雅致生活所不可或缺的一部分。又如在紫荆、棣棠的描述中说：“……余谓不如多种棣棠，犹得风人之旨。”棣棠，又名清明花，四五月份开花，花色金黄，多丛植于路边、花篱或花坛边缘，别具一番诗人韵味。

在《长物志》中，文震亨还详细地指出士大夫各种心物观照的标准。如园林建造“徒侈土木，尚丹垩，真同桎梏、樊槛而已”③，对于过分追求高大豪华、色彩艳丽的居室，他将其喻为脚镣手铐、鸟笼兽圈，其厌恶之情溢于言表；若玉簪植于盆石中，则“最俗”；若将锦川、将乐、羊肚石“直立一片”，“亦最可厌”；

① 李韫：《计成〈园冶〉的美学阐释》，山东师范大学硕士学位论文2009年。

② （明）文震亨著，陈植校注：《长物志·卷一·室庐·茶寮》，江苏科学技术出版社1984年版，第31页。

③ 李韫：《计成〈园冶〉的美学阐释》，山东师范大学硕士学位论文2009年。

相较于古旧样式的屏风，“若纸糊及围屏、木屏，俱不入品”。可见，对于不古不雅的景观、器物，文震亨是一概摒弃，直言不讳地斥之为“最俗”、“可厌”、“不入品”。

文震亨在“器具”卷写道：“今人见闻不广，又习见时世所尚，遂致雅俗莫辨。更有专事绚丽，目不识古，轩窗几案，毫无韵物。”① 文震亨一贯坚持高雅的文化素养和审美格调，对于现代人一味追求炫丽繁复造型的做法嗤之以鼻，认为时尚奢华的造物观毫无韵味可言。文震亨要求笔船“紫檀、乌木细镶竹篾者可用，惟不可以牙、玉为之”②。文震亨指出古琴“历年即久，漆光褪尽，黯如枯木”，折射出中国文士阶层含蓄隽永的格调和高雅超然的意趣。对于古琴的部件，文震亨认为“琴轸，犀角，象牙者雅”，温润的犀角和清雅的象牙搭配，体现出谦谦君子的儒家道德风范。

对于玉器，文震亨认为“三代秦汉人制玉，古雅不凡，即如子母螭，卧蚕纹，双钩碾法，宛转流动，细入毫发，涉世即久，土锈血侵最多”。③ 玉器在遭受泥土侵蚀后，更显得拙朴自然。在造物材料的选择问题上，文震亨秉持古朴雅致的审美格调，把不雅的器物归为“恶俗”、“最忌”、“可废”、“俱不雅观劳”一类。例如，制斧时“更须莹滑如玉，不露斧斤者为佳”，因为文震亨认为“露”便是不雅，“工”则落入俗套。再如“帐”，“冬月以茧或紫花厚布为之，纸帐与绢帐等俱俗，……有以区绢为之，有写山水墨梅于上者，此皆欲雅反俗，更有作大帐，号为‘漫天帐’，夏日坐卧其中，置几榻橱架等物，虽适意，亦不古”。在冬天，用柞蚕丝绸或紫花厚布做帐子是很俗气的做法，甚至还有以山水梅花装饰帐面的，反而弄巧成拙，更显得庸俗至极。

对于古铜器“商代的朴素无文，周代的雕刻细密，现代的镶

① （明）文震亨著，海军、田君注释：《长物志图说》，山东画报出版社 2004 年版，第 288 页。

② （明）文震亨著，海军、田君注释：《长物志图说》，山东画报出版社 2004 年版，第 306 页。

③ （明）文震亨著，海军、田君注释：《长物志图说》，山东画报出版社 2004 年版，第 379 页。

嵌金银，精巧细密”。① 至于日常所用的床品，也要符合雅格的标准。例如棉被，山东的茧绸之被“最耐久，其落花流水、紫、白等锦，皆以美观，不甚雅”。② 用山东柞蚕丝绸做的被子最为耐用，被面上多以落花流水或紫色、白色的锦缎做装饰，虽然美观但是不雅致。“京师有折叠卧褥，形如围屏，展之盈大，收之仅二尺许，厚三、四寸，以锦为之，中实以灯心，最雅”③。京师有一种被子，用锦缎做被套，灯芯草做被芯，这是最为雅致的做法。

第四节　本 章 小 结

室内陈设艺术不仅是整个园林艺术的重要组成部分，更是中国古典园林艺术发展的精华。对于园林建筑室内空间的陈设布置，文震亨赋予其“重简素，忌浮华”的设计观念和造物主张。

本章以园林室内陈设家具为例，重点剖析文震亨“崇雅反俗，古朴素雅”的造物审美观。长夏宜敞室，尽去窗槛，前梧后竹，不见日色，列木几极长大者于正中，两傍置长榻无屏者各一，……北窗设湘竹榻，置簟于上，可以高卧，几上大砚一，青绿水盆一，尊彝之属，俱取大者；置建兰一二盆于几案之侧；奇峰古树、清泉白石，不妨多列；湘帘四垂，望之如人清凉界中。这样一个与天地合一的境界，居者的风流高古情趣令人心折。文震亨以其文人的意匠，善于在适应自然条件的同时利用自然造境，亲近与玩味自然中的生存乐趣。无论严冬酷暑，在一种积极心态的观照之下，苦境变为乐境，忧闷变为疏朗。

“古朴”、“古雅”、“奇古”、“古制”等是文人追求古人典雅风范的典型表现。这一审美观点，在明式家具中，不论是桌案椅

① （明）文震亨著，海军、田君注释：《长物志图说》，山东画报出版社 2004 年版，第 380 页。

② （明）文震亨著，海军、田君注释：《长物志图说》，山东画报出版社 2004 年版，第 393 页。

③ （明）文震亨著，海军、田君注释：《长物志图说》，山东画报出版社 2004 年版，第 394 页。

凳，还是箱橱床榻，都突出地表现为造型简练，不为装饰而装饰，充分显示出木材本身自然美的质朴特点。这些特点的形成，是与文人提倡“古朴"、“古雅”的审美观有着直接的关系。也可以说，这种简练质朴风格是浸润着明代文人的审美情趣的。

第六章　文震亨造园生态观——“随方制象，各得所宜”

第一节　“因景互借”

中国园林虽以自然景观为主体，园林建筑往往也是造园之主题，对自然景观起到画龙点睛的妙用。毫不夸张地说，中国园林建筑中的一庭一阁、一桥一廊处处发挥着成景、点景的作用。在造园设计中，环境条件乃是创造物态景观、发挥景观效果的必要前提，园林建筑与自然环境的关系处理不得当，景观的美学意境就难以形成，景观的艺术价值也同样无法彰显。传统园林建筑在整体形态、尺度体量和造型色彩等方面与园林周围的自然环境相互融合、和谐共生，为自然景色增添了无限美感。计成在《园冶》中提出著名的论说“巧于因借，精在体宜”，作为中国古典园林建造的首要技法，备受历代造园者推崇。所谓“因借”，“因”即随基地所在的地形、地貌、地势来设计园林，顺应于自然，遵循自然条件而顺势构筑；“借”既要将园内的山、石、水、花木及建筑各景点之间相互映衬得体，又要通过一定技法将园外景致巧妙“借”入，构成一个和谐而充满生命意蕴的整体景观。在“师法自然”的基础之上，“因景互借”体现了传统审美意识对园林艺术的影响和渗透。

文震亨在《长物志》“室庐”篇总论中曾提及：“随方制象，各有所宜，宁古无时，宁朴无巧，宁检无俗；至于萧疏雅洁，又本性生，非强作解事者所得轻议矣。”① 其中“随方制象，各有所宜”是指要根据建筑的不同类别、功能等来确定营造方式，并各有其适宜的做法。据此，文震亨提出园林建筑设计的一项基本原则，即不要拘泥于形式，应依据具体环境特点灵活创造有特色的建筑形体，自然景致加上人工悉心雕琢，从而凸显中式园林的独特魅力。园林居室建筑设计要符合自然和生活要求，务求“得体合宜”，使建筑美与自然美融合起来，达到一种人工与自然高度协调的境界——天人和谐的境界。

一、随宜

从词源上看，所谓“随宜”正是“得体”与“合宜”的简称。在《园冶》文中，计成最初是在论述因地造屋时提出了这一标准。计成指出：艺术形象是否恰当，关键是看场所和条件。例如：大凡砌地铺街，小异花园住宅。惟厅堂广厦，中铺一概磨砖；如路径盘蹊，长砌多般乱石。……花环窄路偏宜石，堂回空庭须用砖。各式方圆，随宜铺砌。② 他认为，与花园住宅不同，园中铺地要讲究环境条件，不能一概而论；只有厅堂大厦中间铺地一律用磨砖，如小径弯路，可砌多种乱石，至于方圆样式，可根据情形而定。

文震亨《长物志》在“室庐”卷中说：“窗忌用六，或二或三或四，随宜用之。”“随”，意指顺从。陶渊明的《桃花源记》中述：“太守即遣人随其往，寻向所志，遂迷，不复得路。”“宜”，取适合、适当之意。《吕氏春秋·察今》曾载：“世易时移，变法宜矣。”“随”“宜”相结合，就是指人根据自然环境的不同条件随机应变，包含着自然对人的限制和人对自然的顺从，在此基础上充分发挥人的主体审美能力，对大自然进行合宜的改造。在中国古典园林设计中，“随地所宜”是一种灵活应变的设计手法。经过历代

① （明）文震亨著，陈植校注：《长物志·卷一·室庐·海论》，江苏科学技术出版社 1984 年版，第 36~37 页。

② 《园冶·铺地》，《园冶注释》，第 195 页。

造园技法的传承，这种造园理念不断渗透到园林景观设计的每一个环节。毫不夸张地说，中国古典园林建造的全过程都是以“随形就势，合宜得体”的概念贯穿始终。

首先，从园林房屋建筑角度来看，建筑用途及其周边自然环境对园林设计风格造成一定程度的影响。对此，文震亨在《长物志》中曾做出详细叙述。诸如“楼阁，作房闼者，须回环窈窕；供登眺者，须轩敞宏丽；藏书画者，须爽垲高深”①，依据楼阁的不同用途明确其空间布局的样式。楼阁，用作居住的应小巧玲珑，专供登高远眺的需要宽阔敞亮，而用于收藏书画的必须地势高凸、干爽通风；“丈室宜隆冬寒夜，略仿北地暖房之制，中可置卧榻或禅椅之属”②，指出丈室的内部空间布置应注重防寒保暖，加强建筑的功用性；“筑台忌六角，随地大小为之，若筑于土冈之上，四周用粗木，作朱阑亦雅”③，台是古代园林中的游观建筑，应依地形尺度而建，可用古雅的栏杆装饰予以点缀；“……或傍檐置窗槛，或由廊以入，俱随地所宜”，山斋的设计应根据空间环境设置而进行整体规划；“广池巨浸，须用文石为桥，雕镂云物，极其精工，不可入俗。小溪曲涧，用石子砌者佳，四旁可种绣墩草”④，对于宽阔的水域应架设桥梁，与“广池”恢弘的气势相呼应，对于较小体量的水体则用碎石堆砌岸边即可，并缀饰花木来营造恬淡意境；“驰道广庭，以武康石皮砌者最华整。花间岸侧，以石子砌成，或以碎瓦片斜砌者”⑤，通行的大路和散步的小径需要选用不同石材

---

① （明）文震亨著，陈植校注：《长物志·卷一·室庐·楼阁》，江苏科学技术出版社1984年版，第34页。

② （明）文震亨著，陈植校注：《长物志·卷一·室庐·丈室》，江苏科学技术出版社1984年版，第29页。

③ （明）文震亨著，陈植校注：《长物志·卷一·室庐·台》，江苏科学技术出版社1984年版，第35页。

④ 曹林娣：《中华文化的“博物志”——略论苏州园林建筑装饰图案》，载《苏州大学学报（哲学社会科学版）》2007年第4期，第40页。

⑤ （明）文震亨著，陈植校注：《长物志·卷六·几榻·架》，江苏科学技术出版社1984年版，第240页。

来装饰，才能彰显出其特有的韵味和品格。例如，武当山复真观，东靠狮子山顶峰，西麓坡地之下是陡峭的九渡涧，地形极其不规整。为满足宗教仪式的组织特点，依据地势安排该建筑的功能空间，形成刚柔并济、张弛有度的空间氛围，使建筑布局在理性中渗透着灵性。

再如文震亨在《长物志》中“位置”卷所述：“位置之法，繁简不同，寒暑各异，高堂广榭，曲房奥室，各有所宜，即如图书鼎彝之属，亦须安设得所，方如图画。”文氏指出室内空间的布局，有繁有简，寒暑各异，高楼大厦，幽居密室，各不相同，即便图书及鼎彝之类玩物，也要陈设得当，才能像图画一样协调有致。如堂，“以取堂堂高显之意”，适宜开阔疏朗之地；榭则追求的是朴素天成，回归自然之感；房，室，轩，斋，各有其微妙的差别。楼阁，可登高望远，是景观空间的控制点，对园林空间进行整体把握和梳理；亭，是供人们短暂停留、休息、观景之用；廊，作为一种“线”形建筑应用于园林之中，起着联系空间与划分空间的重要作用。两面观景的空廊，可以一分为三的景致，加强了园林各部分的景观渗透。为避免园林结构的松散、凌乱，结合地势变化，在园内高耸之地设置体量较大的建筑群，由此可鸟瞰全园，并从园内不同角度也可看到主要建筑的立体轮廓，达到对全园的控制作用。随形构筑其他风景点，与主体景观相辅相成。这也印证了中国传统画论的“画有宾有主，不可使宾胜主”，诚如宋代李成《山水诀》所述：“先立宾主之位，次定远近之形，然后穿凿景物，摆布高低，”强调主景突出的造园准则。园林内的建筑不片面追求高大奢丽，而重在适宜——与环境、功用相适合。同时，这些既是视点又是景点的建筑，控制着园林中的视线，使人在其中感受到园林格局的整体艺术氛围。

“随”旨在依据环境特点创造有特色的建筑形体，“宜”则通过人工点染使大自然与园林景观交相辉映，二者是将空间的规整性与意境的多样性完美融合的有效手段。“凡掇小山，或依嘉树卉木，聚散而理。或悬岩峻壁，各有别致，书房中最宜者。更以山石为池，俯于窗下，似得濠濮间想”。①

在园林中栽植花草树木的时候，计成认为应尽量遵循自然规律，错落有致，有疏有密；在叠石理水的时候，建议仿造悬崖陡壁的独特姿态，在书房前或者窗台下用堆砌成小池，便可营造出一番水滨观鱼的悠远意境。至于假山与楼阁之间的关系处理，计成指出：“阁皆四敞也，宜于山侧，坦而可上，便以登眺。”② 依他所见，楼阁一般都是四面通透的设计，最好建造在较为平坦的山上，便于游人们登高远眺。例如，“拙政园”的见山楼、“留园”的冠云楼，均采用了此种造园方法。又如山洞之上，“或堆土植树，或作台，或置亭屋，合宜可也”③。计成认为“植树”、“置亭”、“作台”都要讲究配合相宜。又如窗栏的设计，计成主张：“窗牖无拘，一随宜合用；栏杆信画，因境而成。”④ 他认为栏杆的大小、形态没有定式，但必须适应周遭的环境。

又如，从花木选种、培植的过程来讲，文震亨在“花木”卷总论中就说道：“……乃若庭除槛畔，必以虬枝古干，异种奇名，枝叶扶疏，位置疏密。或水边石迹，横堰斜坡；或一望成林；或孤枝独秀。草木不可繁杂，随处植之……”⑤，他强调树木栽植应随地理位置而有所不同，最忌讳过繁过杂。如在庭院前台阶下和槛边，种植几株罕见珍贵的古树奇干，其造型疏密有致，为园林增添几分古朴气氛。对于园林中各式各样花草的栽种地点，《长物志》中也多有记载。“玉兰，宜种厅事前”，“碧桃、人面桃差之，较凡桃美，池边宜多种植”，“李如女道士，宜置烟霞泉石间”，“杏与朱李、蟠桃皆堪鼎足，花亦柔媚。宜筑一台，杂植数十本”，“……千叶者名‘饼子榴’，酷烈如火，无实，宜植庭际”，“芙蓉宜植池岸，临水为佳”，“俗名‘栀子’，古称‘禅友’，出自西

① 《园冶·掇山·书房山》，《园冶注释》，第211页。

② 《园冶·掇山·阁山》，《园冶注释》，第211页。

③ 《园冶·掇山·洞》，《园冶注释》，第218页。

④ 《园冶·园说》，《园冶注释》，第51页。

⑤ （明）文震亨著，海军、田君注释：《长物志图说》，山东画报出版社2004年版，第362页。

域，宜种佛室中”①，这些都成为园林中栽花选址的要诀。

二、就势

唐朝柳宗元在《至小丘西小石潭记》中曾述：“其岸势犬牙差互，不可知其源。”“势”，指自然界或物体的形貌。“就势”即意味着顺应现有自然有利条件，趁便利而成则事半功倍。根据园林空间主题旨趣的要求，“就势”则是因借环境之优势，巧妙缀以建筑、山石、花木，实现以小见大，以少博大的艺术效果。我国江南地区山清水秀，鸟语花香，景色秀丽，为中国古代造园提供了得天独厚的地理条件和自然环境。特别是明代末期，江南地区的园林文化蓬勃发展。当时的造园大师多为文人、画家，他们大都具备较高的文学修养和较深的绘画功底。生机勃勃、灵气盎然的自然美景，经过这些造园艺术家们的精心锤炼、巧妙加工、奇特构思，转变成一种“令居之者忘老，寓之者忘归，游之者忘倦”② 的写意山水园林。纵观明清以来著名的江南古典园林遗址，其造景艺术的成功在于江南造园匠师能够借用自然环境的特性，营造出“一峰则太华千寻，一勺则江湖万里”的美学意境。中国古代造园旨在通过表现一种事物而使人联想到另一景象，从而产生言尽意不尽的隽永意境。

园林造景中栽植花木，其形态、色泽、香味都能引起游园者无尽遐想。对松的描写，文震亨认为“山松宜植土冈之上，龙鳞既成，涛声相应，何减五株九里哉”?③“五株”指“五大夫”，出自《史记》：“秦始皇上泰山，风雨暴至，休于树下，后封其树为‘五大夫’。”“九里”则指生长于西湖的九里松，曾有记载于《西湖志》：“唐刺史袁仁敬守杭，植松以建灵、竺，左右各三行，苍翠

① （明）文震亨著，陈植校注：《长物志·卷二·花木》，江苏科学技术出版社1984年版，第43~96页。

② （明）文震亨著，陈植校注：《长物志·卷一·室庐》，江苏科学技术出版社1984年版，第18页。

③ （明）文震亨著，陈植校注：《长物志·卷二·花木·松》，江苏科学技术出版社1984年版，第64页。

夹道。”将山松栽植于土坡山岗之上，成片的松林随风鼓舞，阵阵风声回荡山谷。青松、高岗都令人产生对崇山峻岭的联想，其雄壮气势绝不亚于泰山“五株”和西湖“九里松”。对乌桕的描写，文震亨以为：“秋叶，叶红可爱，较枫树更耐久，茂林中有一株两株，不减石径寒山也。”① 其中，“石径寒山”引自唐代著名诗人杜牧的诗歌——《山行》：“远上寒山石径斜，白云生处有人家。停车坐爱枫林晚，霜叶红于二月花。”乌桕，古代文学诗句中曾有记载，《乐府诗》中有“日暮伯劳飞，风吹乌桕树”。这种植物夏季开花，秋天树叶呈红色，并且持续的时间比枫树更长。园林造景中种植一、二株乌桕，在深秋时节分外艳丽，恰似枫林掩映，能引起身处“石径寒山”的幻觉。

古典园林在选址之初，首先考虑建筑周围的生态环境、园林的整体布局、地形地貌等客观条件，以及人在游憩中的功能需要和精神、情感诉求等主客观因素。《长物志》所阐释的空间结构，文震亨曾提及：“宜明净，不可太敞。明净可爽心神，太敞则费目力。或傍檐置窗槛，或由廊以入，俱随地所宜。中庭亦须稍广，……前桓宜矮……。”② 相对于宫廷、寺院、衙署等，文震亨认为园林建造应不拘泥于其严整、对称、整齐的空间格局，建筑群体外部轮廓或规整或随意，院内各建筑物更倾向于“随地所宜”，因山就水，高低错落，以这种千变万化的景观铺陈来强化建筑与自然环境的完美融合，以曲径通幽的空间序列布局展现建筑空间的“绘画之美”。我国传统园林建筑的梁柱木结构所具有的特性，不仅为空间处理带来了极大的自由度，也提供了“随方制象，各有所宜”的必要条件。木框架结构的单体建筑，内墙外墙可有可无，空间可虚可实、可隔可透，它既分割了空间，又可使两旁空间任意流通，从而形成了空间层次上丰富多变的建筑群

① （明）文震亨著，陈植校注：《长物志·卷二·花木·乌桕》，江苏科学技术出版社1984年版，第72页。

② （明）文震亨著，陈植校注：《长物志·卷一·室庐·山斋》，江苏科学技术出版社1984年版，第28页。

体。园林建筑与其他建筑类型相比较的特别之处，在于其要与园林这个大环境相协调，实现建筑美与自然美融合。例如，中国古代园林中频繁出现的廊，就很好地将人造建筑与自然景观连贯沟通。作为一种“线”形建筑应用于园林之中，廊本来就是联系建筑物、划分空间的重要手段。廊能随地形地势蜿蜒起伏，其平面亦可屈曲多变而无定制，因而在造园时常被用于分隔园景、增加层次、调节疏密，是控制园林中观景程序与层次展开的主要组织手段。以一种“峰回路转”、“渐入佳境”式的流动视点，游览者能亲临于立体空间中来品赏山水之趣。

中国古典园林发展至明代，文氏主张将传统建筑化整为零，以“群”的形式构建园林空间。顺应时间韵律，空间彰显出动态的起承转合，以追求流动的空间美。在建筑群中，由空间的最基本单位——“间”，组成“座”，再由“座”围合成“中空”的庭院，每一庭院错综交错，构成一系列层层渐进的建筑群。建筑群空间又通过多层次分割、过渡、转换、对比等多种组合方式，形成一种空间节奏，从而使游览者产生连续、流通、渗透、模糊的心理共鸣。例如，坐落在秦岭北麓西安市户县草堂镇的西安院子，吸取传统院落的“宅院”概念，具有独立空间的主题院落相互呼应，围合界面的错落有致，空间层次感强，兼顾了庭院深深地幽静感与深宅大院的私密性。整个院子依山而建，地形南高北低，最大落差高达6米，主体建筑因形就势、高低错落，形成了错落有致、丰富而有节奏变化的整体布局，是经典的创新型中国传统庭院和现代版的中国传统庭院，不仅满足人们精神生活的需要，更加强调空间意境的创造。①

“就势”这一原则在园林建筑设计上也有所体现。例如，北京颐和园佛香阁的建筑风格就体现这一特色。该楼阁位于山腰之上，遂依山脉而筑台，前端顺应排云殿之起势，后端依托智慧海与无梁殿之收势，与山形的浑厚相融合，愈发凸显王者风范。对于利用地形、地貌、地势构筑园林景观而言，《长物志》中也多有记载，如

① http：//blog. sina. com. cn/s/blog_ 647ef7cb01017hp9. html

对阶的描述中说：“……复室须内高于外，取顽石具苔斑者嵌之，方有岩阿之致。”① 文震亨认为，套房的室内高于室外，进入的阶梯应该用布满苔藓的古石镶嵌装饰，充分运用天然石料的色泽与质地形成悠悠山谷的深远意境。同时，园内建筑室内外空间布局也应利用自然之势。如对丈室的描写，文震亨指出：“……前庭须广，以承日色，留西窗以受斜阳，不必开北牖也。”② 丈室，出自《维摩经》，现喻指房间狭小。古代文人常常以丈室形容小居，一禅椅、一木桌、一卧榻、一打旧书，勾勒出隐逸文人墨客的居室布局。在丈室的前庭设置宽敞的院落，西面开设明亮的窗户，使幽暗的丈室也能沐浴在灿烂的阳光下，这是充分利用日光来改善居室内部照明条件的佳作之一。

三、巧借

借，假也。诚如《广韵》中所述：“借，假借也。”相较于之前的“随宜”、“就势”，“巧借”是指造园艺术家发挥主观能动性，控制自然、调动自然的审美活动。借景，就是通过巧妙构思和创新技法，把园内园外的美景借到园林观赏的范围中来，从各个角度充分欣赏到每个景物。以静态的观赏点体悟动态的诗性境界，这就要求造园家们有效地组织建筑空间去捕捉不同时节的景观意趣。例如西湖著名的十景之中，苏堤春晓春、曲院风荷夏、平湖秋月秋、断桥残雪冬，引导游览者感受冬去春来的四季流动，徜徉于日月交替的人生旅途。

园林中养花、供石、制作盆景，借入自然景物以“近观”，在中国古代造园历史中有着悠久传统。文震亨《长物志》卷二“花木”篇中称：“……红梅、绛桃，俱借以点缀林中。”花开时节，繁花似锦，借以点缀园林，营造出一派欣欣向荣之景。如

① （明）文震亨著，陈植校注：《长物志·卷一·室庐·阶》，江苏科学技术出版社1984年版，第38页。

② 龚玲燕：《明代南京私家园林研究》，上海师范大学硕士学位论文，2008年，第55页。

“吴中菊盛时，……必觅异种，用古盆盎植一株两株，茎挺而秀，叶密而肥，至花发时，置几榻间，坐卧把玩，乃为得花之性情”。菊花茎干挺拔，枝叶茂密。在其盛开之时，一定要寻觅独特品种，用古色盆盂栽植一两株，至花开时将其放置于几案卧榻间，随意把玩欣赏，这样才能体味花的品性情致。“藕花池塘最盛，或种五色官缸，供庭除赏玩犹可”，藕花植于池塘，最美，或者植于官窑瓷缸内，置于庭院赏玩。菊花，品种繁多，色泽艳丽，花形多变，深受那些不趋世俗、节操高尚的志士仁人、文人骚客所钟爱。而藕花，即莲花，隐喻君子。自古以来，中国古典园林中多种植这种植物，认为它是洁身自好、不同流合污的高尚品德的象征。文震亨主张在园林中“借”入这些花木，旨在营造一种清新脱俗的艺术氛围。《周礼》中就已有记载：“周公植璧于座。”可见，供石之风可追溯到很早以前。到后来，以奇石置于几案，用石料装饰挂屏、座屏，这种设计风格广泛普及。《长物志》中述：“昆山石出昆山马鞍山下，……间有七八尺高者，置之大石盆中”，“土玛瑙出山东莞州府沂州……嵌几榻屏风之类。”盆景，作为极富自然情趣的东方艺术精品之一，浓缩了我国独特的古典园林艺术美学。神韵生动的造型，诗情画意的构思，盆景本质就是自然风貌与人文精神的再现。文震亨曾说道：“盆玩，时尚以列几案间者为第一，列庭榭中者次之，余持论反是。最古者以天目松为第一，……其本如臂，其针如簇结如马远之‘欹斜诘屈’，郭熙之‘露顶张拳’，刘松年之‘偃亚层叠’，盛子昭之‘拖曳轩翥’等状，栽以佳器，槎牙可观。”① 他认为，将盆景置于庭院楼台也不失为一种时尚之举。造园林造景中引入最为古朴的天目松，其树干如臂，针叶如簇，自然形成画家马远的“倾斜弯曲”，郭熙的“豪放粗犷”，刘松年的“交错层叠”，盛子昭的“低拽高飞”等各种形状，用上等的钵盂进行培植，造型参差错落，格外雅观，给人以美的享受。

① （唐）魏徵撰：《隋书》，中华书局2000年版，第164页。

第二节 "随方制象，各得所宜"

明代那些质朴文雅、不尚矫饰的家具陈设，既是对中国传统家具艺术的欣赏品鉴，又是对特定时空中生活形态的追怀和体验。换言之，中国古典园林室内空间的布设是一种更贴近明代士人生活的审美观察。与园林建筑类型、环境变迁、人文特征相互呼应，是决定室内家具类型和布置的先决条件。源于文震亨《长物志》卷一"海论"，"随方制象，各有所宜"是指应根据物品的类别，采用相应的形式，使其各自相宜，这也是明代文人对室内摆设的审美取向及对环境营建的境界诉求。无论是家具的布置格局，或是陈设的造型制式，都需要依据其所处的客观条件，自然而成与其相适应的人文景观。

一、因地制宜

"因地制宜"，指根据具体情况，制定或采取适宜的措施，出自汉代赵晔《吴越春秋·阖闾内传》："夫筑城郭，立仓库，因地制宜，岂有天气之数以威邻国者乎?"明代室内陈设家具的选择和摆放也应遵循"因地制宜"的原则，即必须做到陈设家具与房室建筑的类型特点相互适宜，相辅相成。从空间功能角度来规范居室陈设布局，主要应当讲究家具、饰品、器物等室内用具用品的彼此呼应与相互协调。

对于室内陈设布局，文震亨提出了自己的原则："位置之法，繁简不同，寒暑各异，高堂广榭，曲房奥室，各有所宜，即如图鼎彝之属，亦须安设得所，方如图画。"①

为了实现室内陈设与周遭环境的和谐，既要选取合适的位置和朝向，还要注意陈设物品的制式和色调，通过将各种材质进行合理配置和有机联结，达到整体美和错综美的协调统一，才能体现出

① （明）文震亨著，海军、田君注释：《长物志图说》，山东画报出版社 2004 年版，第 411 页。

“宜”的意境。对于室内的摆放陈设，诸如室庐、器具、花木、水石、禽鱼等，文震亨认为都必须做到井然有序、各有所宜。

又如“室庐”卷楼阁：“做房闼者，须回环窈窕；供登眺者，须轩敞靓丽；藏书画者，须爽垲高深，此其大略也。”①

楼阁，是古典园林中的多层储藏性建筑，处处流露出文人雅士的诗情画意。涉及楼阁建造，文震亨也提出了一些基本要求。若是为了居住，楼阁应尽量小巧玲珑；若是为了登高望远，则应宽阔敞亮；若是为了收藏书画古玩，应选取干爽透风的高凸地势。文震亨还指出楼阁要有一定的格式，如，“室庐”卷，“南方卑湿，空铺最宜，略多费而”。② 在地势普遍较低的南方，应做架空铺设的特别处理。

自古以来，丈室是僧人修行或文士学习的地方，所以更加崇尚“雅”与“静”。山斋是供游客们休闲观赏的地方，也透露出主人的别致情趣。琴室是文士弹琴修养的地方，应选择空旷清静的地境。亭榭，以浑然天成为宜。敞室，则追求纳凉消暑的功能。

书斋，是明代文人聚集之所，也是文人精神信念的最高浓缩。尤其是晚明时期，文人的读书生活不再是一件严肃刻板的课业，而是陶冶情趣，怡神养性的逸事。与读书生活相适宜的家具和器物陈设，无一不体现出主人的生活品味与审美意趣，这也是与整个晚明士人的闲情逸致紧密相连的。如文震亨在《长物志》中对斋中陈设家具有这样一段记述：“……仅可置四椅一榻，他如古须弥座、短榻、矮几、壁几之类，不妨多设，忌靠壁平设数椅，屏风仅可置一面，书架及橱俱列以置图史，然亦不可太杂，如书肆中。”③ 四把椅子可以接待访客，会见朋友；一张卧榻适合阅读、小憩；配合其他如佛像座、短榻、矮几、壁几之类的摆设，则便于品玩赏鉴；

① （明）文震亨著，海军、田君注释：《长物志图说》，山东画报出版社2004年版，第27页。

② （明）文震亨著，海军、田君注释：《长物志图说》，山东画报出版社2004年版，第29页。

③ （明）文震亨著，陈植校注，《长物志·卷二·花木》，江苏科学技术出版社1984年版，第41页。

单独设置一面屏风，能起到灵活划分空间的作用，私密幽静的空间氛围更适合文士的书卷气质；同时置备书架和橱柜，用以收藏书画典籍。可见，书斋中所有的器具陈设既要便于主人阅古籍、会文友，更要适合于其雅洁高尚的文士情怀，这样才能更好地营造出一种兼具知性与美感的文人清居境界，游览者也可以感受到明代文人对美好生活的不懈追求。

卧室，是主人休养生息的地方，其室内布局尤应格外考究。文震亨在《长物志》中指出：“西南面设卧榻一，榻后别留半室，人所不至，以置熏笼、衣架、盥匜、厢奁书灯之属。榻前仅置一小几，不设一物，小方杌二，小橱一，以置香药、玩器。”① 卧榻置于朝西南方向，这不论就古代风水学而言，还是从古代人饮食起居方式出发，都是比较好的选择。主人在平和、安宁的居室环境里，能够得到安稳的睡眠，从而有利于身体健康和情绪愉悦。卧榻与墙壁之间留出一个空巷，用来贮放熏炉、衣架、盥洗梳妆用具及书灯等物，这也给主人提供了一个相对私密的整理空间。卧榻前只摆放一个小几，上面不要摆放任何东西，另外置备两个小方凳，一个小橱柜贮放香药、玩物。卧室内人性化的陈设布置，不仅营造出一种温馨舒适的氛围，而且也显现出简洁素雅的文人意蕴。

亭榭与斋、室所处的自然环境又不相同，因而对家具、器物的陈设也就往往需要随之调整，旨在营造出符合文士雅趣的生活环境。文震亨在《长物志》中指出：“亭榭不蔽风雨，故不可用佳器，俗者又不可耐，须得旧漆、方面、粗足、古朴自然者置之。露坐，宜湖石平矮者，散置四傍，其石墩、瓦墩之属，俱置不用，尤不可用朱架架官砖于上。”② 亭台水榭，因其结构的特殊性，不能遮蔽风雨，则容易受到风雨侵蚀。所以，内置器物用具不能选用精巧细致的桌凳，否则容易损毁，但也不能使用过于粗俗的器具，一

① （明）文震亨著，陈植校注：《长物志·卷十·位置·卧室》，江苏科学技术出版社1984年版，第354页。

② （明）文震亨著，陈植校注：《长物志·卷十·位置·亭榭》，江苏科学技术出版社1984年版，第355页。

些厚实耐用、古朴自然的桌凳是最适合的摆设。如果是露天的场所，应用矮平的太湖石，将它们散放至四周，最忌讳用官窑砖铺在朱红架子上做坐凳。将构造结实，粗犷古朴的家具布置于亭榭之中，既经久耐用，又能与园林环境中的山石花木相映成趣。

二、因时制宜

“因时制宜”，指根据不同时期的具体情况而采取适当的措施，语出《淮南子·氾论训》：“器械者，因时变而制宜适也。”明代士人志存高远，一贯向往自然随性的闲赏生活。所谓闲赏生活，即一种休闲的生活，以求获得美的享受和心灵的舒畅。正是这种对“清雅”、“脱俗”的追求，明代文人士大夫毕生崇拜“自由”、“性灵”，这也铸就了这一时期人们在艺术和工艺美术领域的杰作。

“衣饰”卷“衣冠制度，必与时宜”。①

文震亨认为服装饰品应适应时代的风格，也正好符合其历史发展趋势。例如，“蝉冠朱衣，方心曲领，玉佩朱履之为‘汉服’也；幞头大袍之为‘隋服’也；纱帽圆领之为‘唐服’也；檐帽襕衫、申衣幅巾之为‘宋服’也；巾环襈领、帽子系腰之为‘胜朝服’也；方巾团领之为‘国朝服’也”。② 穿衣戴帽必须顺应时代的潮流。

汉服，以华夏礼仪文化为中心，通过自然演化而形成的具有独特汉民族风貌性格。蝉冠，原指汉代侍从官所佩戴的冠。此种类型的冠一般都用蝉和貂尾点缀装饰，因此被称为貂蝉冠，后来被泛指高官。汉服的主要特征是头戴禅冠，身着红衣，项间佩戴一个上圆下方的饰物，戴玉佩，穿红鞋，给人洒脱飘逸的印象。隋朝服装，要用头巾穿大袍。唐朝服饰，以乌纱帽和圆领的衣服为主。宋朝服饰的标志是檐形的帽子和加接横襕的衣衫，无论是长礼服还是便服

---

① （明）文震亨著，海军、田君注释：《长物志图说》，山东画报出版社 2004 年版，第 387 页。

② （明）文震亨著，海军、田君注释：《长物志图说》，山东画报出版社 2004 年版，第 387 页。

都是上衣连下裳，前后深长，头戴头巾。元代服饰，体现民族融合的特色，巾环滚领，帽子束腰。与之类似的，明代服饰以方巾圆领为特征。

总之，着装的首要标准是“夏葛冬裘”，即要以冬暖夏凉为宜，进而以求“被服闲雅”，方能展现出儒者的文雅之风和隐士的飘逸之象。这既满足了文士阶层内在审美和文化品质的需求，也体现了他们渴望被社会认知与尊崇的诉求，处处与其文人身份相适宜。

由于季节更迭，自然风色各异，室内家具、器物陈设也必须随时而变，讲究与时间的配合协调。如明代学者高濂在《四时幽赏录》中曾有这样的记叙：“春时幽赏：虎跑泉试新茶，西溪楼啖煨笋，八卦田看茶花。夏时幽赏：空亭坐月鸣琴，飞来洞避暑。秋时幽赏：西泠桥畔醉红树，六和塔夜玩风潮。冬时幽赏：雪夜煨芋谈禅，扫雪烹茶玩画。”又如文震亨在《长物志》中对敞室的描述：“长夏宜敞室，尽去窗栏，前梧后竹，不见日色，列木几极长大者于正中，两傍置长榻无屏者各一，不必挂画，盖佳画夏日易燥，且后壁洞开，亦无处悬挂也。北窗设湘竹榻，置簟于上，可以高卧。”① 到了夏天，由于气温升高，则应敞开屋子，窗户的窗扇全部撤除，屋前有梧桐树，屋后是竹林，可以避免阳光的直射。室内则摆放一个特别长大的木几在屋子正中，两旁各放一架无屏长榻，供主人休憩纳凉。置于书画，在夏天也不应悬挂，因为室内的高温容易致使书画受损。最好在朝北面的窗户下摆放一架斑竹榻，铺上草席，可以躺卧，也不至于受到西风斜日的侵扰。又如，文震亨在《长物志》中对坐具的描述：“湘竹榻及禅椅皆可坐，冬月以古锦制褥，或设皋比，俱可。”② 斑竹榻和禅椅都可以用来当作座椅，但是时至冬日，这样的材质都会令人稍感寒冷，应选用古锦面的坐

① （明）文震亨著，陈植校注：《长物志·卷十·位置·敞室》，江苏科学技术出版社1984年版，第356页。

② （明）文震亨著，陈植校注：《长物志·卷十·位置·坐具》，江苏科学技术出版社1984年版，第349页。

垫或者铺垫虎皮，起到良好的保暖作用，兼具实用与美观双重效果。

在《长物志》中“花木”篇中，文震亨对各种植物的生长以及培植技法等方面进行了详细叙述。依据花草的生长习性，与其他的材料协调搭配，从而构建怡人的园林景观，增添审美情趣。针对花木配植，文震亨指出：“繁花杂木，宜以亩计。乃若庭除栏畔，必以虬枝古干，异种奇石，枝叶扶疏，位置疏密。或水边石际，横堰斜披；或一望成林；或孤枝独秀。草木不可繁杂，随处植之，取其四时不断，皆入图画。”花木应依照亩为计量单位进行栽植。如果在庭院栏杆的地方栽种鲜花，应搭配虬枝古树和造型独特的山石，并且要注意合理布局以达到疏密得当的效果。如果在水边栽植花木，切忌品种杂乱，应注重植物与植物之间的关系，做到因地制宜和因时制宜，才能营造出生态和谐的园林。

如，“花极烂漫，性喜阴畏热，宜置树下阴处，花时移置几案间。别有一种名映山红，宜种石岩之上，又名羊踯躅”。如果选择栽种杜鹃花这类“喜阴畏热”的植物，应顺应其生长习性及观赏时令，才能最终将“花极烂漫”的美妙景象恰如其分地呈现给游客们。又如，“桃李不可植于庭除，似宜远望，红梅绛桃，俱借以点缀林中，不宜多植。梅生山中，有苔藓者，移置药栏最古”。

文震亨对各种植物的栽植地点进行了规定，以促进不同植物之间的巧妙搭配与恰当组合。在造园时，将不同种类的植物混合培植，不仅能有效利用空间，而且能创造出繁花似锦的美学效果。各种花卉草木之间的优势互补，也能促进其茁壮地生长与繁殖。在保留各个植物原有特性的基础之上，通过多种植物的合理配置达到和谐统一的效果，也正好体现出中国传统美学思想中的“和如羹焉”，即协调之美。与西方园林不同，中国古典园林中的花木展示出中国传统美学的独特魅力。同时，各类植物与园林中的山石、水池、楼阁等搭配组合，使园林具有灵动的神韵和意境，堪称是“虽由人作，宛自天开”。

在材质选取上，室内器具陈设极其讲求冷暖交替，四季相宜，则自然而成一种刚劲潇洒的高雅风格。香炉，是日常生活中常用的焚香器具。如，文氏认为：“夏月宜用磁炉，冬月宜用铜炉。”① 在中国古代，熏香是文人墨客之间也甚为流行，香炉自然成为文人雅士的心爱之物。根据季节的转换，夏天适合选用陶瓷炉，而冬天则应用铜炉。置香草于炉中缓慢燃烧，散发出阵阵幽香，使室内弥漫一种优雅柔美的情调，文人在此种氛围里抒怀言志，吟诗作赋，更加蕴藉风雅。无独有偶，《长物志》中对置瓶也有类似的论述：“随瓶制置大小倭几之上，春冬用铜，秋夏用磁。”② 花瓶，是一种最常见的室内陈设品，其制作材料有陶瓷、紫砂、铜、铁、木、竹等。室内摆置的花瓶，不仅要选用与矮几大小匹配合适的式样，而且还应依时而换，春冬宜用铜瓶，秋夏应用瓷瓶。

三、因人各异

“因人各异”，是指因人的不同而有所差异。在中国悠久的造物史中，“器物究竟为谁而造”一直是众多造物者争论的一个焦点问题，在《淮南子·齐俗训》中有这样一段表述“富人则车舆衣纂锦，马饰傅旄象，帷幕茵席，绮绣绦组，青黄相错，不可为象。贫人则夏被褐带索，含菽饮水以充肠，以支暑热；冬则羊裘解札，短褐不掩形，而炀灶口。故其为编户齐民无以异，然贫富之相去也”。③富人的车辆装饰豪华奢侈，而穷人却要面对人衣不能遮体，食不能果腹的痛苦现状。这里可以印证出造物不光是满足人的基本需求，同时造物的服务对象是有等级之分的，不同等级的人群对造物本身是有不同需求的。

在古代等级制度也体现在对造物材质的选择上。物以稀为贵，通常稀有或新的材料较为贵重，多为统治阶层或上层贵族所掌握，如玉、青铜、金、银、玛瑙、绿松石、珍珠等。而平民百姓因财力

---

① （明）文震亨著，陈植校注：《长物志·卷三·花木》，江苏科学技术出版社 1984 年版，第 64~73 页。

② （明）文震亨著，陈植校注：《长物志·卷七·器具·香盒》，江苏科学技术出版社 1984 年版，第 249~250 页。

③ 刘康德：《淮南子直解·说山训》，复旦大学出版社 2001 年版，第 882 页。

有限，只能使用常见且廉价的材料。小至一双筷子，“筷子”又称“著（筯）”，远在商代就有用象牙制成的筷子。《史记·宋微子世家》中记载“纣始为象著”。① 用象牙做著，是富贵的标志。做筷子的材料，考究的有金筷、银筷、象牙筷，多位王公贵族或富甲商贾所用，一般百姓多用骨筷和竹筷。如果对造物材质的选择只是显示使用者的财力的话，便不足以体现古人造物丰富的人文观。古人在造物时还将材质与等级联系起来，不同的身份地位使用不同的材料，不得僭越。如《隋书》里记载了武将佩剑的要求：“一品，玉器剑，佩山玄玉。二品，金装剑，佩水苍玉。三品及开国子男，五等散品名号侯虽四、五品，并银装剑，佩水苍玉。”② 又如明洪武六年，朝廷下诏，庶人装饰用的环，不得用金玉、玛瑙、珊瑚、琥珀的；帽子前面镶嵌的帽珠，只许用水晶、香木的。

《长物志》阐述的尽是室庐花木，水石禽鱼，书画香茗等，用今天的话来说，是注重精神享受的、高档次的、高品位的休闲生活。文震亨出身世家，自小受到的就是士大夫儒雅文化的熏陶，这种生活的最大特点是注重精神享受，代表着这个阶层的审美观，有着非常典型的时代特征。

依文震亨之见，文士所玩之物和玩物之举都应追求高雅，最忌讳庸俗之物和俗气之举。如，“姑苏最重书画扇，……纸敝墨渝，不堪怀袖，别装卷册以供玩，相沿既久，习以成风，至称为姑苏人事，然实俗制，不如川扇适用耳。”

当时苏州最流行的书画扇，由于其独特的纸墨材质而不宜随身携带，为了供人赏玩，匠师们便将扇面单独装订成册，这很快成为苏州的一大时尚，文震亨却斥其为“俗制”，极力反对此种做法。

文震亨偏爱将一些古物作为日常生活的装饰，诸如拂尘、古钱和古琴等。他主张将明代的拂尘高悬于居室的墙上，尤其推崇玉柄的白色或青色的拂尘，还建议将鹅眼小钱、布币悬挂于手杖头上，

① （汉）司马迁著：《史记全译》，第4册，贵州人民出版社2001年版，第1727页。

② （唐）魏徵撰：《隋书》，中华书局2000年版，第164页。

愈加凸显居室的风雅意境。他认为古琴适合悬挂在墙上，并认为选取“历年既久，漆光退尽，纹如梅花，黯如乌木，弹之声不沉”的古琴为好，这都是为了彰显主人的儒雅风韵。

文震亨视拂尘、古钱和古琴为雅物，认为既可以将它们作为赏玩之物，也可以用来装饰居室，从而更好地传达出古雅的艺术情调，呼唤文士对传统的无尽遐想。如，拂尘能让人追忆起魏晋名士的清谈之风。类似的，不同的古物对应着特定的年代，因此通过选取各式古物在一个生活空间内进行陈设，使时间与空间相互交织，给人们带来时空交错的奇妙幻境，丰富了游园者的审美体验。

明代画家郑元勋在《园冶·题词》中指出，由于园主有贫富贵贱的差异，造园必须因人而异。诚然，造园时必须考虑到园主的身份地位和经济能力，还需要体现园主的文化修养和审美情趣。为了构筑一个园林，在设计规划之初要充分了解园主的人文心理和精神格调，随后整个建筑布局、叠石理水等也要尽力满足园主的审美取向和精神需要。著名的造园家——计成特别强调，造园必须符合园主对美的追求和取向。他认为，通过不断地学习与实践，一般的匠师们可以掌握建造园林过程中涉及的建筑原理和艺术手法，但是只有杰出的造园师才能敏锐地捕捉园主的审美情趣并加以妥善处理。

《园冶》中，计成对室内装修和植物培植等方面加以重点论述，例如“构合时宜，式征清赏”①。园林装修既要与时俱进、顺应潮流，又要关注到园主对于清雅素朴之风的精神诉求。

如，“余七分之地，为垒土者四，高卑无论，栽竹相宜”。②深受儒家君子比德思想的影响，竹最能体现文人士大夫的朴素气节和高尚人格，因此是最适合在园林中栽植的一种植物。又如，“宜上大下小，立之可观。或峰石两块三块拼缀，亦宜上大下小，似有飞舞式。或数块掇成，亦如前式；须得两三大石封顶”③。这种险

① 《园冶·装折》，《园冶注释》，第110页。

② 《园冶·相地·村庄地》，《园冶注释》，第62页。

③ 《园冶·掇山·峰》，《园冶注释》，第216页。

峰奇石的堆叠恰如其分地反映了文士阶层孤傲高洁的格调。这正如计成所言：“园中掇山，非士大夫好事者不为也。”①

美学家李渔，侧重于人的尺度把握。除充分考虑人的需求以为，他还对人与所造之物的比例关系、大小相宜以及安全性等方面提出了相应的原则。

李渔指出“人不能无屋”，首先承认人的客观需求，然后“吾愿显者之居，勿太高广”。当时的一些达官显贵偏爱“堂高数仞，榱题数尺”的建筑，李渔直言，“宜于夏而不宜于冬”；而“及肩之墙，容膝之屋”，则“适于主而不适于宾”；进入豪宅时，“令人不寒而栗”；建造“寒士之庐”，也会让人心生窘迫之感。“房屋与人，欲其相称”，可见，造物必须精准把握适宜的尺度。从人体工程学的角度出发，“使显者之躯，能如汤文之九尺十尺，则高数仞为宜，不则堂愈高而人愈觉其矮，地愈宽而体愈形其瘠，何如略小其堂，而宽大其身之为得乎”②？李渔认为，只有像商汤、周文王那样高达九尺十尺的身材，才适合高达数丈的房屋，当下那些达官显贵盲目追求高大建筑的做法是不合时宜的。因为在越高大的房屋内，人就会越显得矮小，室内越宽，人也越显得瘦小。中国古代山水画法也有“丈山尺树，寸马豆人”的构成法则，所以造物应该以人的客观生理条件为设计标准，使人与物相宜。

就园林家具陈设而言要适应不同性格、不同阶层人的需要，同时要顺应不同时代、不同礼仪需求的变化。文人士大夫阶层，是传统儒学的继承和发扬者，是社会道德礼仪的制定和捍卫者。明代中晚期，商品经济日益蓬勃发展，社会政治环境相对稳定，因此一种以物质消费为基础的“消费文明”逐渐成长壮大起来。晚明的文人们，不堪忍受科举与仕途的压抑，尤其呈现出反抗正统儒家教育“存天理，灭人欲”的教条，而以主动和夸大的姿态来投入饮食男女、声色犬马的世界中③。一方面，文人是严肃刻板的老学究，另

① 《园冶·掇山·园山》，《园冶注释》，第209页。

② （清）李渔：《闲情偶寄》，上海古籍出版社2000年版，第180页。

③ 杨耀：《明式家具研究》，中国建筑工业出版社2002年版。

一方面他们又可以化身为风流倜傥的鉴赏家。与前朝各代的文人相比，明代晚期的文士更加积极地参与生活方式的经营，他们竭思尽虑地追求物质的享受，营造“闲情逸致”的生活情调。当时，还有相当一部分的文人曾在家具的设计和制造上提出经典的论述。如明代曹明仲在《格古要论》中说道：“琴桌需用维摩样，高二尺八寸，可容三琴，长过琴一尺许。”又如，明代屠隆在《考槃余事》中讲到一种可以折叠的桌子：“叠桌二张，一张高一尺六寸，长三尺二寸，阔二尺四寸，做二面折脚活法，展则成桌，叠则成匣，以便携带，席地用以抬合，以供酬酢。”另外高廉在《遵生八笺》中写到一种风雅脱俗的“二宜床”：“二宜床，式如尝制凉床。少阔一尺，长五寸，方柱自立覆顶当作成一扇阔板，不令有缝。……床内后柱上，钉铜钩二，用挂瓶，四时插花，人作花伴，清芬满床，卧之意爽意快，冬夏两可，名曰二宜床。”①

又如，文震亨在《长物志》中对坐几的描述：“天然几一，设于室中左偏东向，不可迫近窗槛，以逼风日……古人置研，俱在左，以墨光不闪眼，且于灯下更宜，书尺镇纸各一，时时拂拭，使其光可鉴，乃佳。”② 书案，是文人读书、写字所用的案几，是日常生活的常用器具之一。作为一种物质文化和精神文化的载体，突出体现了中国传统文人的特点和内涵。文氏认为，书案要摆放在屋里东面偏左的位置，并且不要过于靠近窗户，以避免日晒风吹。古人还常把砚台置于书案的左边，为了不使墨汁和灯具反光而花眼。界尺、镇纸需要分别备置一个，时常擦拭，便于保持光洁的外表。可见，在各种器具的摆置布局上，都体现出文人对文化的特有追求，既高雅又委婉，既超逸又含蓄。又如，文震亨在《长物志》中对小室的描述：“……室中精洁雅素，一涉绚丽，便如闺阁中，

① 王世襄：《锦灰堆》，三联书店 1999 年版。

② （明）文震亨著，陈植校注：《长物志·卷二·花木》，江苏科学技术出版社 1984 年版，第 45~85 页。

非幽人眠云梦月所宜矣。”① 卧室内必须简洁素雅，方能符合文人士流的隐逸脱俗的气质。如果装饰得绚丽多彩，就如同闺阁，显然有悖于文人恬淡雅致的生活追求，是不适合幽居之人的场所。至于佛室，是供主人作早晚课诵，上香祈祷之用的居室。明代末期，文人学士深受佛学、禅学思想的影响。在私家园林中设置佛堂，可供文人参禅悟道，达到使其远离凡尘、净化身心的境界。因此，佛堂内器具的布设，也要十分考究。如文震亨在《长物志》中有这样的描述：“……若香像唐像及三尊并列、接引诸天等像，号曰‘一堂’，并朱红小木等橱，皆僧僚所供，非居士所宜也。”② 所谓香像是指“大力金刚”，三尊是指“释迦”、“文殊”、“普贤”，接引即“接引佛”。如果将这些佛像并列置于佛室内，并且一起用朱红小木橱供奉，这是典型的寺院式陈列，完全不适合文人雅士在家修行。反映出文氏对室内的每一个陈设都要求精致，妥帖，追求古雅、避免流俗，主张与室内外环境相得益彰，遵循其内在的文脉的传承。

由此可见，明代文人雅士所建造的私家园林，必然会受到文人特有的生活方式和审美情操的熏陶和影响，其室内装饰风格必然是朝着更具文化品位、更富文人色彩和个性化的方向发展。总之，中国古典造园特色，就在于，以人为中心，饱含人文底蕴，因人而异，将人与自然，人与审美有机地融合在一起。

第三节 《长物志》之“物境”

中国古典园林经过漫长发展至晚明时期，人们日益重视室内空间和室内装饰与整座园林的高度协调统一，不断追求在“壶中天地”内营建日益精巧、和谐、完整的景观体系。换言之，室内空

① （明）文震亨著，陈植校注：《长物志·卷十·位置·小室》，江苏科学技术出版社1984年版，第353页。

② （明）文震亨著，陈植校注：《长物志·卷十·位置·佛室》，江苏科学技术出版社1984年版，第357页。

间内的每一景观要素都必须完全融入整个园林造景体系之中。因此，各种室内陈设和装饰品的配置及其与园景的搭配也就日益成为造园艺术家们所关注的重要内容。室内陈设艺术堪称是中国古典园林艺术发展的结晶。

作为中国传统文化的重要组成部分，中国古典园林更加集中地体现出中国古人的生态观念，通过营造和谐的生态环境来传达传统园林的意境美。中国古典园林，既是最具生态艺术的典范性代表，又最能充分诠释“天人合一”的哲学精神。中国古典园林所追求的“天人合一”思想，其实质在于寻求人与自然的和谐。所谓“物境”，即园林中自然之境，源于自然而高于自然，强调人与自然共生共融。诚如庄子所言：“四时得节，万物不伤，群生不夭……莫之为而常自然。”① 这种时、物、人互相交融的园林生活，才是人向自然的真正回归。中国传统园林生态环境营造主要通过动物、植物、山水、建筑等各种造园要素来实现，巧妙地将人工造景和自然成景相结合，形成一个良好的立体生态环境，从而实现园林景观与生态环境的融合。

一、动境

明代末期，“天人合一”、“返璞归真”的禅宗神学思想渗入文人士流的造园创作实践中。这一时期造园都强调遵循四季自然规律，消除人与自然的对立，进而实现人与天地万物合而为一。深受这些哲学思想影响，中国古代造园艺术旨在塑造生态化人居环境。明末吴江著名造园匠师计成所著《园冶》曾被誉为我国古代第一本造园专著，书中多处有对养鱼的专题论述。如：“养鹿堪游，种鱼可捕”（《园冶 · 园说》），“好鸟要朋，群麋偕侣”（《园冶 · 山林地》），“悠悠烟水，淡淡云山，泛泛渔舟，闲闲鸥鸟”（《园冶 · 江湖地》）②。同期，另一位艺术家文震亨在其《长物志》卷

① 引自《庄子 · 缮性》。

② 郭风平、方建斌：《中国园林动物起源与变迁探讨》，载《农业考古》2004 年第 3 期。

四开篇就有这样的记述：“语鸟拂阁以低飞，游鱼排荇而径度，幽人会心，辄令竟日忘倦……庶几驯鸟雀，狎凫鱼，亦山林之经济也。”① 园林中，鸟儿掠檐低飞，鱼儿排萍畅游，则可令雅士舒心，流连忘返，毫无倦意。所以驯养鸟雀、戏弄游鱼，是隐居山林的必备技艺。文士乐意与鸟兽鱼虫为伴，寻求人兽亲和、物我同一的审美境界，使士大夫的尚洁高雅同大自然的幽远恬静达到完美契合，人类性灵与自然生灵息息相通。

在文人墨客的私家园林中，大多适量地蓄养一些动物来组景和达意。尤其在晚明时期，中国古代园林动物配置逐渐趋向明显写意化。如文震亨在《长物志》中对鹤的描述：“鹤，华亭鹤窠村所出，其体高俊，绿足龟文，最为可爱……空林野墅，白石青松，惟此君最宜。其余羽族，俱未入品。”② 鹤，体态高峻，绿足龟纹，特别可爱。文人士大夫旷野山居，石岩松林，只有驯养鹤才最为适宜，其余水禽都不够格。自古以来，鹤一直被视为出世之物，是文士高情洁志的象征，这也是鹤作为一种文化现象的延伸。又如文氏则认为将百舌，画眉：“于曲廊之下，雕笼画槛，点缀景色即可。”③ 将百舌、画眉、八哥置于曲径回廊、雕梁画栋之下，鸣啭动听，用来点缀景色，委婉地道出文人士流向往广阔大自然的心声。

深受古代文化、哲学思想熏陶，文人造园艺术家在园林设计和观赏中更加注重园林动物的形象、习性，动物配置与建筑造景都要与人的道德情操结合起来。又如百舌，画眉，文氏则认为：“緜蛮软语，百种杂出，俱极可听，然亦非幽斋所宜。”百舌、画眉、八哥经过人工驯养之后，能仿效发出各种叫声，非常悦耳，但都不适合文人所居的幽静之室。如鹦鹉，文震亨指出：“然此

① （明）文震亨著，陈植校注：《长物志·卷四·禽鱼》，江苏科学技术出版社 1984 年版，第 119 页。

② （明）文震亨著，陈植校注：《长物志·卷四·禽鱼·鹤》，江苏科学技术出版社 1984 年版，第 121 页。

③ （明）文震亨著，陈植校注：《长物志·卷四·禽鱼·百舌画眉》，江苏科学技术出版社 1984 年版，第 125 页。

鸟及锦鸡、孔雀、倒挂、吐绶诸种，皆断为闺阁中物，非幽人所需也。”① 鹦鹉十分聪慧，能学人说话，是古代殷实人家必养的一种鸟。然而，鹦鹉及锦鸡、孔雀、倒挂、火鸡等，与文人高远雅致的气质完全不符，所以绝不能成为闺阁中的玩物，更不是隐者雅士所需之物。

又如文震亨在《长物志》中指出的，“阶前石畔凿一小池，必须湖石四围，泉清可见底。中蓄朱鱼、翠藻，游泳可玩”②。在台阶前、假山旁开凿一个小水池，用太湖石环绕四周堆砌，在池中饲养一些金鱼、水草，嬉戏的鱼儿和清澈的池水相映成趣，与假山、叠石交相辉映。又如，文震亨在《长物志》中对观鱼的描述：“……宜凉夜月、倒影插波，时时惊鳞泼刺，耳目为醒。至如微风披拂，琮琮成韵，雨后新涨，皆观鱼之佳境也。”③ 凉爽的月夜观鱼，别有一番美景，水映月影，鱼儿穿梭腾跃，鳞波闪闪，令人耳目一新。至于清风徐徐，泉水潺潺，绿波荡漾，这都是观鱼的绝佳环境。古人临水观鱼，既是在观赏游鱼弄影的自然意趣，又是在享受隐逸遁世的幽居之乐。除了鱼之外，还有禽鸟也常常浮游于水或涉足于水。如文震亨在《长物志》中对鸳鸯的描述：“……蓄之者，宜于广池巨浸，十百为群，翠毛朱喙，灿然水中。他如乌喙白鸭，亦可蓄一二，以代鹅群，曲栏垂柳之下，游泳可玩。”④ 鸳鸯适合饲养在宽广的水域，结对成群，绿毛红嘴，水中呈现出一片灿烂的美景。其他的如黑嘴白鸭，也可以养一两只来代替鹅群，曲栏垂柳之下，游水嬉戏，令人赏心悦目。至于百舌、画眉、八哥之类的飞禽，文氏认为将其置于“曲廊之下，雕笼画槛”，婉转的鸟鸣

① （明）文震亨著，陈植校注：《长物志·卷四·禽鱼·鹦鹉》，江苏科学技术出版社1984年版，第123页。

② 张盛梅，孙健，李建桥：《礼制文化与中国古代建筑》，载《科技创新导报》2008年第21期，第42页。

③ （明）文震亨著，陈植校注：《长物志·卷四·禽鱼·观鱼》，江苏科学技术出版社1984年版，第131页。

④ （明）文震亨著，陈植校注：《长物志·卷四·禽鱼·鸳鸯》，江苏科学技术出版社1984年版，第122页。

映衬幽静的廊榭，使得游览者触景生情，产生共鸣，激发其对大自然的无尽遐想和无限眷恋。

在中国古典园林中，将动物作为一个重要造景要素加以应用，并赋予其深厚的中国传统文化底蕴，可以深化园林空间的意境和内涵。结合古代园林自然山水及建筑，以某种动物为主来营造富于自然野趣的生态环境，可以更好地满足园主融入自然的心理需求。动物给中国古代园林增添了无限生机与活力，依附泉、池、瀑等之类动态水体造型，在园林中增添鸟兽鱼虫等要素，与其他静态景观相互协调，宜动宜静，营造返璞归真、浑然天成的物境，暗喻着古代文人墨客高洁雅居的入世情怀。

二、静境

建筑、山石、花木等各种造园要素所构成的景观，从本质上说，都是一种静态美景。然而，有些园林在表现形式上，以奇木、怪石创作各种动物姿态，令人触物生情，激发联想。例如无锡寄畅园的九狮台，扬州的九狮山，苏州网师园冷泉亭中展翅欲飞的鹰石，以及粉墙、漏窗和洞门等处栩栩如生的鸟兽形象，通过创造者的想象力和游园者的感受力，以形传意，以意达意。园林中屋舍亭榭、山林植物，与其他动态景观正好相辅相成，使得静中有动，动中有静，营造出生气勃勃的境界，最终达到内心情感的升华和天人合一哲理的参悟。

为适应自然风景式园林的特点及园林整体环境的氛围，中国古典园林设计善于利用空间布局组织关系，在建筑造型上努力追求“得体”的形象，配合各式各样山石、花木，自由组合、对比渗透、穿插错落、灵活多变，最终达到“因境构景，融入自然”的美学效果。例如文震亨在《长物志》中对斋的描述：“中庭亦须稍广，可种花木，列盆景……庭际沃以饭瀋，雨渍苔生，绿缛可爱。绕砌可种翠云草令遍，茂则青葱欲浮。前垣宜矮，有取薜荔根瘗墙下，洒鱼腥水于墙上引蔓者。虽有幽致，然不如粉壁为佳。”斋，是文人骚客洁身净心、修身养性的地方，有一种幽居的房屋之意。斋前置的中庭需稍为广阔一些，可以栽植花木，摆设盆景；庭院里生出厚厚的苔藓，青翠可爱；沿着庭院的屋基种满翠云草，到夏日时则繁茂青葱；前面的院墙应该做得较矮一些，以白色粉墙为佳，也可以将薜荔草的根埋在墙下，藤蔓顺墙攀缘，别有一番幽深的韵味。古代园林中设斋，一般建于园之一隅，借用一定的遮掩营造幽远静谧之境。如文震亨在《长物志》中指出：“英石，出英州倒生岩下，以锯取之，故底平起峰，高有至三尺及寸余者，小斋之前，叠一小山，最为清贵。”① 英石，造型雄奇突兀，嶙峋俊俏，有气势迫人的动感。在斋室屋前，用英石堆砌一个小山，最为清雅。以山的宁静自守来比喻仁者，古代文人造园艺术家们更加喜欢在大自然中寻求人生品性的完善。

顺应山势，使建筑与局部地貌取得良好的嵌合关系，并赋予其高地错落和起伏变化的韵律节奏，建筑与自然实现完美协调的最佳状态，这样有助于建筑更好地发挥其点景及成景效果。例如文震亨在《长物志》中对台的描述：“筑台忌六角，随地大小为之，若筑于土冈之上，四周用粗木，作朱阑亦雅。”② 台，是古人用来登高、观景的一种建筑物。一般根据地面大小来确定台的体量，如果依山岗建台，四周应用粗木做栏杆，并且漆成朱红色，这样才能突显其素雅的气质。可见，善于利用地形优势，依据环境特色筑台立基，成为中国古代园林成景的一种重要手法。

三、虚境（气场）

法国当代著名的社会学家布迪厄这样说过：“我将一个场域定义为位置间客观关系的一网络或一个形构，这些位置是经过客观限定的。”③ 布迪厄的场域概念，不能理解为被一定边界物包围的领地，也不等同于一般的领域，而是在其中有内含力量的有生气的、

① （明）文震亨著，陈植校注：《长物志·卷六·几榻·榻》，江苏科学技术出版社 1984 年版，第 226 页。

② （清）朱绪曾：《金陵诗征》卷三十二。

③ Wacquant，Loic J. D.：《Towards a Reflexive Sociology A Workshop with Pierre Bourdieu》，载《Sociological Theory》，1989 年第 1 期。

有潜力的存在①。文人园林在遵循权力场域的运作同时有了相对的独立性，有自身运作的游戏规则。文人园林场域是以文人群体的活动为核心建构起来的权力网络，也就是我们所说的雅集。雅集就是文人之间进行交流的一种方式，关于描述雅集最著名的绘画便是《兰亭修禊图》，东晋时代王羲之与朋友们在永和九年的一次雅集成了历代文人所向往的境界，表现出文人阶层的优雅情怀，似乎暗合了《兰亭序》中所表达的“虽无丝竹管弦之乐，一筋一咏亦足以畅叙幽情”的理想②。还有陆治的《元夜宴集图》卷，表现的是文征明家的一次聚会，时在嘉靖丁未（1547）正月十五元宵，《元夜宴集图》的庭院环境既有山水的意趣，庭园的环境幽静而闲雅，还包括室内的陈设。

明代吴中文士雅集结友之风甚盛，相应的，也推动了明代中后期的饮茶文化。江南文人在讲究茶叶、茶具、水质等物质条件的同时，更注重品茗的环境和气氛，追求一种极具美学意趣的艺术化的饮茶方式，饮茶不仅是一种物质享受，更是文人独具特色的精神生活的组成部分，是其悠然闲适的生活情趣的具体体现。为了寻觅一种清幽高雅的品茗意境，文人对饮茶的场所极为讲究，往往辟有专门的茶房、茶寮。《长物志》中对茶寮的描写：“构一斗室，相傍山斋，内设茶具，教一童专主茶役，以供长日清谈，寒宵兀坐；幽人首务，不可少废者。”③ 在园林内构筑一间小屋与山居相毗邻，设为茶室。雇佣小工煮茶，专供白天夜晚清谈闲聊的茶水。茶，在中国最早的文字记载可以追溯到《神农草本经》：“神农尝百草，一日遇七十毒，得茶以解之。”随后，品茶开始逐渐成为文人墨客的风雅趣事，饮茶风气盛行，这也是山林隐士的首要之事。借品茶之机，畅叙人生，抒发情意，是文人士大夫雅致生活所不可或缺的

① 李全生：《布迪厄场域理论简析》，载《烟台大学学报（哲学社会科学版）》2005 年第 2 期。

② 王泽猛，季熊：《文人园居文化探析——以苏州古典园林为例》，载《装饰》2008 年第 4 期。

③（明）文震亨著，陈植校注：《长物志·卷一·室庐·茶寮》，江苏科学技术出版社 1984 年版，第 31 页。

一部分。诚如文震亨在《长物志》卷十二“香茗”篇中有这样的记述：“香、茗之用，其利最溥，物外高隐，坐语高德，可以清心悦神。”① 饮茶、品香是文人雅士隐逸山林、优游生活的重要内容，寄托一份清雅淡泊、悠闲自适的隐士情怀。根据不同的场合，香、茗的选用都能产生不同实用功效和美学效果。诸如，“初阳薄暝，兴味萧骚，可以畅怀舒啸”，晨曦薄暮，心生惆怅的时候，可以舒解心气，令人胸怀通畅；“晴窗拓帖，挥麈闲吟，篝灯夜读，可以远辟睡魔”，临帖摹写，闭目吟诵，或者挑灯夜读的时候，可以去除睡意；“青衣红袖，密语谈私，可以助情热意”，女子之间密语私聊的时候，则可以增加彼此之间的浓情蜜意；“坐雨闭窗，饭余散步，可以遣寂除烦”，雨天独自闷坐，或是饭后散步的时候，可以用来排遣寂寥烦闷。

弹琴也是文人雅集活动的重要内容。在古琴审美情趣上，文人推崇《老子》“淡兮其无味”的音乐风格和“大音希声”无声之乐的永恒之美，“澹”者，“使听之者游思缥缈，娱乐之心，不知何去”。“所谓希者，至静之极，通乎杳渺，出有入无，而游神于羲皇之上者也”②，这正是园林追求的景外情和物外韵，达到《庄子》“心斋”、“坐忘”的自由审美境界。明代园林都置有古琴。《长物志》中对琴室的一段描述：“古人有于平屋中埋一缸，缸悬铜钟，以发琴声者。然不如层楼之下，盖上有板，则声不散；下空旷，则声透彻。或于乔松、修竹、岩洞、石室之下，地清境绝，更为雅称耳！”③ 古时有人在平房的地下埋一口大缸，里面悬挂铜钟，用此与琴声产生共鸣。但是这也比不上在楼房底层弹琴的效果，由于上面是封闭的，声音不会散；下面空旷，声音也更加透彻。或者设在大树、修竹、岩洞、石屋之下，地清境净，更具风雅。琴室为

① （明）文震亨著，陈植校注：《长物志·卷十二·香茗》，江苏科学技术出版社 1984 年版，第 394 页。

② 徐上瀛：《溪山琴况》，载《续修四库全书》第 1094 册，上海古籍出版社 1995 年版，第 475~478 页。

③ （明）文震亨著，陈植校注：《长物志·卷一·室庐·琴室》，江苏科学技术出版社 1984 年版，第 32 页。

主人抚琴之所，是一处全封闭的空间。琴室一般设置在数层之下，房屋的大小应适宜，过大则声音容易分散，过小则声音会显得沉闷。最好的琴室应为下层空旷，上层有楼板，周边配有树木、山石、泉水的房屋。可以说，琴声随空间不停地流动、起伏、变幻，能给人一种激动人心的旋律感，这就使本来静止的空间具有“流动”的特性。这种时空合于一体的“流动”美，正是中国传统园林建筑空间最本质的美学内涵。

第四节　本章小结

本章重点介绍园林室外空间结构及室内陈设布置的设计技巧与格调，传达文震亨“随方制象，各得所宜”的造园思想。在我国古典园林中，无论是亭台楼阁，还是山石花木，无一不与自然环境密切结合、和谐共处，这种古朴雅致的自然美，正是我国传统园林所特有的审美风格和意境美之所在。园林建筑在整体形态、尺度体量和造型色彩等方面必须与园林周围的自然环境相互因借、和谐共生，才能为自然景色增添美感。无论是家具的布置格局，或是陈设的造型制式，文震亨都依照其所处的客观条件，“因地制宜、因时制宜、因人各异”。同时，文氏深受中国画论“虚实相生”的影响，在造园活动中强调疏密、虚实关系在造园结构中的重要性，实景和虚景相结合，彼此形成鲜明对比，增强艺术效果。根据园林空间语言的独特性，文人雅士灵活地创造出“格韵兼胜”的清居环境，增加传统建筑空间的韵味和感染力，使传统建筑空间散发出迷人的艺术魅力。通过移景、借景、造景等各种手法来观景取景，追求一种“由景生情、情景交融”的艺术意境。园林景观的布局、形式、色调还应与文人情怀相得益彰，古代文人造园不仅注重对客观景物的塑造，更追求深层次情感文化的传承。

第七章　文震亨造物文人观——“旷士之怀，幽人之境”

第一节　“情景合一”

中国古典园林艺术最大特征之一是追求深层次的和谐与完整，不仅强调园林景观与建筑的相互配合，而且室内陈设与环境意境也要呼应有致。这种对从大到小各个层次空间的审美追求，体现出中国古典园林逐级精雕细琢的艺术逻辑。如《红楼梦》第十七回对潇湘馆的描绘，精致的园景配合相适宜的室内家具，同时室内装饰艺术品也需与每一具体场景完美配搭。（贾政）问贾珍道：“这些院落屋宇，并几案桌椅都算有了。还有那些帐幔帘子并陈设玩器古董，可也都是一处一处合式配就的么？”贾珍回道：“那陈设的东西早已添了许多，自然临期合式陈设。”① 贾政吩咐贾珍，居室内除摆放几案桌椅之外，还应将各种装饰、陈设的式样及位置逐一匹配，得体合宜。“合式”，即符合一定的规格、制式。明代谢肇淛的《五杂俎·人部一》中道：“余在福宁，见戎幕选力士，以五百斤石提而绕辕门三匝者为合式。”所谓“合式配就”，在此侧重是指家具的尺度和式样都必须与居室的空间和风格相互匹配。明代晚期，在造园过程中，文人墨客往往通过书画楹联、文玩古董等诸多器物相互协调配置的艺术手法，构建并传达士人阶层特有的理想人格和文化传统。文人造园艺术家们不再拘泥于恢宏空间的拓展，而是钟情于“壶中天地”的精巧、和谐及完整。顺应这种趋势，室

① 《红楼梦》第十七回。

内空间中每一处细微的装饰要素，都必须完全融入整个园景体系之中。各种室内陈设、题景、诗词用典、饰品的搭配、园林主题景观小品的布置日益成为园林艺术的重要内容。

一、题景

题景，是园林中一种独特的文化载体，它包括园林景观实体中的匾额、楹联以及碑碣、摩崖刻石上的诗文。着眼于园林景观的特点和环境，运用文学艺术手段进行提炼和概括，将文学与园林完美融合到一起，既彰显出园林景观的精华，又营造独有的园林意境。匾额、楹联往往是与诗词、书法、篆刻艺术紧密结合的，成为中国古典园林景观的重要组成部分。

最值得一提的是，苏州私家园林——拙政园（图 7-1）的“雪香云蔚亭”的南楹联，即“蝉噪林愈静，鸟鸣山更幽”（图 7-2）。蝉的噪音和鸟的叫声愈加显示出森林和山谷的静谧幽远。又如，“风风雨雨暖暖寒寒处处寻寻觅觅，莺莺燕燕花花叶叶卿卿暮暮朝朝”，这对联模仿杭州西湖花神庙的，连绵回环，柔情似水。类似的，网师园“看松读画轩”也寓意红花绿叶、男欢女爱的柔媚风。扬州的个园是在寿芝园的基础上兴建的，因为两淮商总黄应泰十分偏爱竹子，所以在园内栽植了几万竿竹子，这恰恰印证了苏东坡的“宁可食无肉，不可居无竹”。“个”，本就类似于竹叶的形状，又似“竹”字的一半，隐涵坚贞不屈之意。

文人苏舜钦的私人花园——沧浪亭石柱上篆刻的对联，“清风明月本无价，近水远山皆有情”。通过借景的艺术手法，以两道长廊将园内的古典建筑与园外的自然景观融为一体。《沧浪亭》中的“清风明月本无价”与《过苏州》中的“近山远水皆有情”遥相呼应，体现出欧阳修与苏舜钦二人的深厚友谊。

历史上著名的园林胜景往往以文字的形式流传千古。古代造园大师一般都有着很深厚的文学修养，他们先用简练的诗句勾勒出园林景色的主题，然后根据诗意绘制孝图，在施工时仔细体味诗意。推敲山水、亭榭、花树等每一处具体景物的位置。中国古典文学名

图 7-1　拙政园

图 7-2　拙政园的南楹联

著《红楼梦》的作者曹雪芹是一位很有造诣的园林家，他借贾政之口强调“若干景致，若干亭榭，无字标题，任是花柳山水，也断不能生色”。园林中的山石溪泉、建筑亭台不可能直接告诉游览者景色的奥妙，却可以文学形式的诗词题表现出艺术的生气和意境，即用文学的点题：对联、题匾、刻石、书条石、碑刻、竹刻、木刻及图记等对风景进行一次精加工，这种以文字形式对园林艺术的勾勒点题是我国园林艺术有别于西方园林的最大特色，亦是很重要的游赏指导。可以说，离开了文学，就没有我国灿烂的园林文化。题名、楹联、刻石等作为点景、拓景的艺术手段，与园林建筑、植物等相得益彰，充分实现文借景成、景借文传的功能。

在园林建筑室内的布置上，书画的艺术形式也在最大程度地彰显着文人私家园林的文化氛围（图 7-3）。引用书画点题，其内容多是寓意祥瑞、规诫自勉、抒怀言志。书画作品的浓淡相间、疏密有致、刚柔并济，润饰了室内空间环境的艺术文化格调，具有极大的审美价值。中国书画创作在晚明进入巅峰时期，继承宋元艺术传统，其创作技法、艺术风格都达到非常娴熟的地步。无论是宫廷还是民间，在室内悬挂书画的做法风靡一时。按照节日或时令变迁而悬挂不同内容的国画作品，可以产生不同的艺术效果。（文震亨在《长物志》卷五“书画”篇中，对于挂画有这样的论述：“岁朝宜宋画福神及古名贤像；元宵前后宜看灯、傀儡……”）应时应景，

图 7-3　楹联与自然景观的结合

挂画的内容彰显出浓厚的节日特色和喜庆气氛；又如：“……正、二月宜春游、仕女、梅、杏、山茶、玉兰、桃、李之属；……六月宜宋元大阁楼、大幅山水、蒙密树石、大幅云山、采莲、避暑等图；……九、十月宜菊花、芙蓉、秋江、秋山、枫林等图；十一月宜雪景、蜡梅、水仙、醉杨妃等图，……”① 春天，可悬挂百花竞秀的图景，诸如杏花、桃花、山茶花等，寓意春暖花开，万物复苏，一派欣欣向荣；夏天，可以悬挂以亭台楼阁、湖光山色为主题的中国画，重点刻画荷、菱之类，营造清爽宁静的意境，缓解燥热不安的情绪；秋天，可以悬挂枫林、菊花，最能体现幽远寂寥的心境；冬天，可悬挂描绘梅花、水仙等花卉的图画，衬托白雪皑皑之景，更能突出傲立雪中、不畏严寒的雅洁精神。所以应“皆随时悬挂，以见岁时节序”②。可见，园林居室内悬挂的中国画，题材大多选用写景状物之类，创作手法十分讲究含蓄、凝练。中国绘画多以山川之美喻人格之美，同时从自然万象中参悟人生哲理，借物

① （明）文震亨著，陈植校注：《长物志·卷五·书画·悬画月令》，江苏科学技术出版社 1984 年版，第 221 页。

② （明）文震亨著，陈植校注：《长物志·卷三·花木》，江苏科学技术出版社 1984 年版，第 64~73 页。

咏志，寄托文人士流的朴素品格和高洁操守。文人挂画，是居室空间景点景观的重要文化点缀，与其他室内陈设家具交相辉映、相辅相成，对诠释居室空间意蕴起着不可替代的作用，在增添园林文化内涵的同时，挂画本身也展现出文人造园家对自然之趣的追求。尤其是明代末期，书画艺术创作与室内环境营造都追求古朴雅致，摒弃繁琐堆饰，强调景观要素的整体和谐，格调清新。如文震亨认为：“……若大幅神图，及杏花燕子、纸帐梅、过墙梅、松柏、鹤鹿、寿星之类，一落俗套，断不宜悬。”① 一座古典园林必须配上古雅脱俗的书画，才更加有底蕴、有内涵。

挂画还需要讲究因地制宜，即选择挂画的尺寸须与室内空间的体量相符合。文震亨在《长物志》卷十“位置”篇中道：“堂中宜挂大幅横披，斋中宜小景花鸟；……画不对景，其言亦谬。”② 对于敞亮的“堂”应悬挂大幅山水风景画，能增加室内空间的空旷感，令人产生卧游名山大川、濯足清泉碧溪，在荡涤心灵的同时也使人感到无比清新和喜悦；而较为窄小隐秘的“斋”则应用小画点缀，以花卉、静物、鸟兽居多，不仅能增添室内的生动气息，还能给人以热情而文雅的感受。大画讲究雄壮气势，小画则饱含恬淡惬意，这样才能达到园林宅居观感的总体和谐。中国古典园林居室空间设计中，悬字、挂画往往还能对主景和环境起到衬托和深化的作用。以美丽的画景蕴藉幽深的画境，使游览者流连驻足，在鉴赏画卷所绘景观的同时感受到艺术熏陶。园林建筑空间中以书画题景丰富了其造园主题内容，造园意境也因此达到与自然、建筑、绘画、艺术的高度融合，同时也彰显了园主的文人格调和旷士情怀。

二、用典

用典，一种古代汉语修辞方法，主要是借由一些历史人物、神

① （明）文震亨著，陈植校注：《长物志·卷三·花木》，江苏科学技术出版社 1984 年版，第 64~73 页。

② （明）文震亨著，陈植校注：《长物志·卷十·位置·悬画》，江苏科学技术出版社 1984 年版，第 351 页。

话传说、寓言故事等来表达某种愿望或情愫。自古以来，传统文化观念与园林居室空间设计就有着密切联系。尤其是园林建筑室内挂画的题材选取上，强调引经据典的作用，更能突出主题、增强意境。室内装饰挂画的创作内容，多在对现实景物描绘时引用适当的典故，将现实与传统相关联，加深中国画的文化内涵和历史蕴藉，从而增强作品的表现力和感染力，使人既能感受到画者博古的情怀，又能领略到其用典的寓意。

晚明时期，受文人画风影响，挂画用典既典雅风趣又含蓄有致，通过言简意赅的绘画语言达到辞近旨远的艺术效果。文震亨在《长物志》卷五“书画”篇①中道：“……三月三日，宜宋画真武像……”古代以三月三日为修禊日，须临水为祭，以消除不祥之兆。“真武”，即“玄武”，中国古代的北方之神，源自宋代赵彦卫《云麓漫钞》卷九：“朱雀、玄武、青龙、白虎，为四方之神。祥符间避圣祖讳，始改玄武 …… 后兴醴泉观，得龟蛇。道士以为真武观，绘其像为北方之神。被发、黑衣、仗剑，蹈龟蛇，从者执黑旗。自号奉祀益严，加号镇天祐圣。”“真武”象征着威严势力，有驱邪避凶之意；“……端午宜真人玉符，及宋元名笔端阳、龙舟、艾虎、五毒之类……”；“龙舟”、“艾虎”、“五毒”皆来自于民间习俗。阴历五月初五为“端午节”，又称“竞渡节”，所有竞赛用的船都做成龙的形状。艾虎是用艾草做的香袋，用以辟邪除秽。五毒指蛇、蝎、蜈蚣、壁虎、蟾蜍五种毒虫，在端午时节，贴五毒符则可以避开毒虫的侵扰；“……七夕宜穿针乞巧、天孙织女、楼阁、芭蕉、仕女等图……”农历七月初七，是我国汉族的传统节日——“七夕节”，又名为“乞巧节”，源于东晋葛洪的《西京杂记》有记载“汉彩女常以七月七日穿七孔针于开襟楼，人俱习之”。“织女”本意指织女星，后衍化为神话人物，见于《史记·天官书》：“婺女，其北织女。织女，天女孙也。”牛郎织女鹊桥相会的美丽传说，也给这个节日增添许多浪漫色彩。在这样的日

① （明）文震亨著，陈植校注：《长物志·卷三·花木》，江苏科学技术出版社 1984 年版，第 64~73 页。

子里，以朗朗明月为证，女子们祭拜祈福，乞求上苍能赋予她们聪慧的心灵和灵巧的双手，更乞求美好爱情的姻缘巧配；"……十二月宜钟馗、迎福、驱魅、嫁妹……""钟馗"也是中国传说中的故事人物。《左传·定公四年》对商朝遗民七族的记载中，有"终葵氏"，终葵即"椎"的分解音，终葵氏即以椎驱鬼之氏族也。钟馗，即古代"终葵"的谐音，是捉鬼除妖的象征。岁末年终之时，民间就有张贴钟馗画像的风俗，寓意"赐福镇宅、驱鬼除魅"；"……腊月二十五，宜玉帝、五色云车等图……"，"……称寿则有院画寿星、王母等图……"，"玉帝"，是道教中地位最高、权利最大的神，总管三界和十方、四生、六道的一切祸福。"寿星"是象征长寿的神，语出《史记·封禅书寿星祠》注："寿星，盖南极老人星也。""王母"，也成为瑶池金母，也是长生不老的象征，见于《穆天子传》："乙丑，天子殇西王母于瑶池之上。"人们对于"天帝"、"寿星"、"王母"的供奉朝拜，都是源于对美好幸福生活的渴望。

《晋书·顾恺之传》载："恺之每食甘蔗，恒自尾至本，人或怪之。云：'渐入佳境'。"大画家顾恺之吃甘蔗时有一个癖好，从甘蔗尾端往上吃，越吃越甜，此所谓"渐入佳境"。随后，这句戏言被广为流传，指情况逐渐好转或兴趣逐渐浓厚。这正好与"曲径通幽处，禅房花木深"的园林意境不谋而合，以迂回曲折的空间构成，引发人们强烈的好奇心，使人们的游兴大增。按照认知事物的心理规律来构筑园林景观，才能达到理想的艺术效果。如，上海豫园的景区曾有一匾，上题名"渐入佳境"皆出自此，这种手法在造园艺术中广泛使用。

承德避暑山庄的"食蔗居"则藏匿于深山之中，《热河志》里形容它是"十步不见屋角，及岩斋乍启，周览旁皇，则万象森罗，如临户篇"。乾隆皇帝也曾以"小小山居藏委宛，趣佳咀嚼正无穷。空林行不见门径，抵在峰遮掩逻中"的诗句抒发对"食蔗居"的感受，足见其幽远、深邃的独特意蕴。知晓这些典故以后，游客们便能透过题名体会到弦外之音，进而产生共鸣，顿感妙趣横生。

凭借简练的形式、丰富的内涵，历史典故既增添园林的文化意蕴，又给游园带来一连串的审美体验。漫步园林之中，人们不禁浮想联翩，很自然地将眼前的实景与典故中所涉及的人物原型和历史事件联结到一起，除了感悟无尽的象外之意，还可以体味不同的审美意趣。例如，康熙皇帝所题的避暑山庄“素尚斋”，游客至此总有不同的领悟。有人联想到尧帝“茂茨不剪采椽不断”，有人则联想到《论语》中“绘事后素”的典故。这些用典都意在劝诫自己效仿古代贤王雅士，凡事要崇尚朴素而不应过度奢靡。乾隆皇帝晚年时居安思危，将“素尚斋”题名与“永恬居”题名的用典合二为一，强调在表彰外王功绩的同时，也要修身养性以实现国家长治久安。又如，避暑山庄的“嘉树轩”，出自《左传·昭公二年》中的“庭中有嘉树，宣子誉之”。为纪念祖父康熙帝对自己的悉心栽培，乾隆帝引用典故以“嘉树”题名。

因游园者当时的心境不同，会对园林景观的用典产生多种解读，不断创新着中国古典园林的审美意蕴。例如，北海画舫斋源于欧阳修的“画舫斋”，因“舫”即“舟”，使人很容易联想到魏征谏唐太宗时曾提及“水能载舟亦能覆舟”，其潜在含义就是“居安思危”。园林中用典不仅承载着悠远的美学意境，而且可以增添无尽的艺术魅力。游人们随心感悟，展开开放性的联想，不断收获全新的审美体验。中国古典园林的每一处场景，都能为历史典故提供新的语境。园林景观引述典故与园林创作意图密切相关，既不是简单的老调重弹更不是单纯的附庸风雅，在造园师独具匠心的运筹之下，把景观实体与历史典故交相融织，传递园主心境情怀之时也彰显园林历史韵味（图 7-4）。

三、陈设

明代文人多为身兼诗书画三绝的艺术家，其居室空间装饰，都体现出其超世出尘的精神境界，以及对“适志”、“自得”的理想追求。实用舒适、朴实简单的陈设布置，使人们更加向往独立、自由、闲适、浪漫的生活艺术和唯美情趣。

中国古典园林建筑室内空间设计发展到明代末期，以家具为主体的室内陈设进入到明式风格的成熟阶段，形成了鲜明的时代特

图 7-4 古园林一景

色。作为室内环境营造的主角，陈设逐渐在塑造室内环境性格方面起到决定性作用，尤其是在居室空间环境中。晚明室内环境营造中陈设的种类、样式、搭配通常与居室功能、意境等统一考虑，整体配套设计，从而实现和谐的美学效果。例如，《红楼梦》第三回中详细描写了荣国府正房内的非凡气派：“……一走过一座东西的穿堂，向南大厅之后，仪门内大院落，上面五间大正房，两边厢房鹿顶耳房钻山，四通八达，轩昂壮丽，比各处不同，黛玉便知这方是正内室。进入堂屋，抬头迎面先见一个赤金九龙青地大匾，匾上写着斗大三个字，是‘荣禧堂’；后有一行小字：‘某年日月书赐荣国公贾源’，又有‘万几宸翰之宝’。大紫檀雕螭案上设着三尺多高青绿古铜鼎，悬着待漏随朝墨龙大画，一边是金蜼彝，一边是玻璃盒，地下两溜十六张楠木圈椅，又有一副对联，乃是乌木联牌镶着錾金字迹，道是：座上珠玑昭日月，堂前黼黻焕烟霞。”① 堂屋中迎面悬挂的是皇帝亲笔御书的匾额，“赤金九龙”也是只有宫廷

① 王毅：《中国古典居室的陈设艺术及其人文精神—从“大观园”中的居室陈设谈起》，载《红楼梦学刊》1996 年第 1 期。

才能采用的彩绘装饰；室内书画和楹联的不仅尺幅较大，而且工艺等级极高。这些陈设的每一个细微之处，无不彰显出贾府主人显赫之极的政治地位及雍容奢华的生活状态。

陈设，不同于其他类型艺术品，其造型、体量及组合方式都在明代园林室内环境氛围的塑造中起到举足轻重的作用。正因为陈设在居室空间意境营造中具有不可替代的地位，无论是几案榻椅，还是装饰器具，都绝不仅仅是单一器物的设计，而应寻求在居室空间中与环境的整体协调，讲究与居室空间的相互配搭。

如文震亨《长物志》卷十“位置”篇中谈到炉的摆放原则，他认为：“于日坐几上置倭台几方大者一，上置炉一；香盒大者一，置生、熟香；小者二，置沉香、香饼之类；筯瓶一。斋中不可用二炉，不可置于挨画桌上，及瓶盒对列。夏月宜用磁炉，冬月用铜炉。”① 在常用的坐几上放置一个日式小几，上面放一个炉子、一个大香盒存放生香和熟香、两个小香盒贮备沉香和香饼、一个炉筷瓶。一间室内不可用两个炉子，不可放在靠近挂画的桌子上，以免熏染书画，瓶子和盒子也不要对列放置，这样就十分俗气。可见，在陈设的设计上，除关注单个陈设的体量、材质、纹样等要素以外，还十分重视陈设与整个居室空间环境中各层次之间的协调统一。

（一）功能性陈设

明代文人对于承担生活功能的屋舍内部布置与安排，一般都主张以朴质素雅为宜，特别是属于私人空间的如：起居厅、卧房等处的家具布置都以清舒爽朗为原则，陈设方面要求萧疏雅洁、恬静清幽、虽小而意足，既满足生活的基本功能，又能与诗情画意的环境相结合。

书斋整体空间明朗敞亮，风格清幽素雅，陈设中各类物品的功能齐备，井然有序。室内设有一座大屏风，屏风前有摆放条案和两

① （明）文震亨著，陈植校注：《长物志·卷十·位置·置炉》，江苏科学技术出版社 1984 年版，第 351 页。

把灯挂椅，或者条案前设方桌和两把圈椅。靠近窗户处设书案，笔墨纸砚等文房器具置于其上，靠墙摆放有书橱、书柜、香几、书箱等家具。墙面上抑或有挂画、琴，桌、架上摆设有铜鼎、玉器、香盘、盆花等装饰品。有时，室内还会摆放竹榻、躺椅等供主人休闲的家具。

座椅一般安排在左偏东向，便于采光，但又不能太靠近窗户，以免书籍和视力受日晒之侵害。文震亨在《长物志》中提到了几种典型的居斋馆的室内陈设，“斋中仅可置四椅一榻，他如古须弥座、短榻、矮几、壁几之类不妨多设，忌靠壁平设数椅，屏风仅可置一面，书架及橱俱列，以置图史然，亦不宜太杂如书肆中。”

斋室主要是供坐卧休息、招待好友等起居活动之用，一张几榻、数把座椅已经足够，可在榻后安置一架屏风，还可再添置简单的书架和箱子以放置杂物，书案上可放置文房四宝、香炉奇石、麈、钟磬等物品。他尤其提到古琴是清幽素雅的器物，应放置于室内，不但可以供闲时赏玩，更增添古朴意趣，是雅士斋室中不可或缺之物。

文震亨《长物志》中提到园中的卧室陈设：“地屏天花板虽俗，然卧室取干燥，用之亦可，第不可彩画及油漆耳。面南设卧榻一，榻后别留半室，人所不至，以置薰笼衣架盥匜厢奁书灯之属，榻前仅略一小几，不设一物。小方杌二、小橱一，以置香药玩器，室中精洁雅素，一涉绚丽，便如闺阁中，非幽人眠云梦月所宜矣。更须穴壁一贴为壁床，以供连床夜话，下用抽替以置袜。庭中亦不须多植花木，第取异种宜秘惜者，置一株于中，更以灵璧英石伴之。”① 他提到了卧室中最重要的家具陈设——床榻，附属的一些家具包括几、方杌、小橱、薰笼、衣架、盥匜、厢、奁等，整个布置简单精致，强调私密性。

明代潘允徵墓出土的明器大致是遵照他在世时的格局进行摆放。拔步床面朝前门，位于室内的中轴线顶端，床的前面摆放着一张供桌，右边是面盆架，衣架被安放在左右，木桶、木盆等杂物围

① （明）文震亨《长物志校注·卷十·位置》，第354页。

绕。由此可见，床是卧室的中心，一般处于深处靠墙的位置。室内的桌椅陈设则很随意，一桌二椅或二椅的形式较为普遍。衣架，是明代卧室内的生活必需品，一般被放置在拔步床或架子床旁边靠墙的一侧，以方便主人搭放衣衫。橱柜也是靠墙安放，在古代一般是用来存放衣物的，木箱往往与橱柜对称安放于床的两侧。铜盆、盆架、面巾等盥洗物品也放置于床的一侧，而脚盆、便桶等不雅之物则置于墙角或拔步床的廊内。冬天的时候，室内也会摆上火盆，既可以用来烤火取暖又能在上面烧水，如《金瓶梅词话》中所示。桌上还摆放着瓶花、杯壶、镜台、香瓶、提盒等杂物。

文震亨的卧室布置与明代小说话本，包括考古发现所呈现的大同小异，都是以功能为先，不过作为园林中的主人，文震亨更趋向于要求卧室的氛围要雅致，不以绚丽为尚，不能带有闺阁之气。

（二）艺术性陈设

不但摆设之物须富有古雅韵味，摆设的方式与原则，也不可马虎。书画的悬挂方面，厅堂斋室所悬挂的对联字画，大小规格皆需配合堂室的高度，书画要与空间相互配合。《长物志》认为：悬画宜高，斋中仅可辂一轴于上。若悬两壁及左右对列，最俗。长昼可挂高壁，不可用挨画竹曲柱。画桌可辂奇石，或时花盆景之属，忌辂朱红漆等架。堂中宜挂大幅横披，斋中宜小景花鸟。若单条扇面斗方挂屏之类，俱不雅观。画不对景，其言亦谬。厅堂与斋馆因空间不同，而有不同的挂画方式。厅堂尊严庄重，较为气派大度，宜挂大幅横披；斋馆较为小巧精致，宜挂小景花鸟之画。挂画忌左右对列，因缺乏美戚，较为俗气。而空间更小的小室或者四面敞开的敞室，则不必要挂画。

文人寄托于园林的生活环境，希望造就的是无忧自适的自在生活，于恬静中带着优雅的意味，他们精心营造居住的环境并非完全为了享受富庶的物质生活，而是为了衍造视觉的舒适与心灵中的韵致，因此即便是在强调生活功能的居所区域内，他们也讲究凡居处不可绮靡，以雅素古朴为美，以适用合宜为上。这一点，在明代苏州园林生活类陈设的用品及布置方面得到了充分的体现。

明代苏州园林主人将书斋作为最重要的室内空间去营造，一借古器古玩来凸显思古之幽情，“陈三代、秦汉器物，及唐宋以来书画，相与鉴赏”，二借高洁之物烘托典雅气息，“折松枝梅花作供，凿玉河冰烹茗啜之。又新得凫鼎奇古，目所未见，多内府龙涎香，恍然如在世外”，书斋体现了文人的精神气度，主人对于书斋的格局和器物摆设都别具匠心，精心构筑幽雅的生活，蕴含高尚的气度。园林中休闲生活除了游山林、谈素琴、比棋艺、论茶艺等方式外，更包括清斋无事时，研读禅书，持静养心等自娱自修的生活，这些活动须有相关的陈设与之配套，才能完成主人们得闲时，做闲人，有闲心，懂闲趣的闲适生活。

晚明时期，文人造园之风盛行，居室陈设更加讲究“古雅相宜”、“精巧得当”。如文震亨《长物志》卷十“位置”篇中对置瓶的论述：“随瓶置大小倭几之上，春冬用铜，秋夏用磁；堂屋宜大，书室宜小，贵铜瓦，贱金银，忌有环，忌成对。花宜瘦巧，不宜繁杂，若插一支，须择枝柯奇古，二枝须高下合插，亦止可一、二种，过多便如酒肆；惟秋花插小瓶中不论。供花不可闭窗户焚香，烟触即萎，水仙尤甚，亦不可供于画桌上。”① 花瓶根据式样大小，摆放在适宜的大小矮几上，春冬用铜瓶，秋夏用瓷瓶，堂屋用大瓶，书房宜小瓶。最好是选用铜、瓷瓶，金银瓶则俗不可耐，也不要有瓶耳，忌讳对称摆放。瓶花适合纤巧，不宜繁杂。如果单插一枝，要选择奇特古朴的枝干，二枝则要高低错落。室内摆有插花，不可关窗焚香，因为花被烟熏容易凋谢。所有家具、器物等陈设品都必须要与室内环境的氛围和意境相匹配。这种匹配，不仅包括器物与器物之间的“相宜”，更要求室内陈设与文人气质的“相符”，因为这些陈设都是文人士大夫历经儒雅文化所积淀而成的身份符号和地位象征。

---

① （明）文震亨著，陈植校注：《长物志·卷十·位置·置瓶》，江苏科学技术出版社1984年版，第352页。

第二节　《长物志》之“情境”

情，就是指人的思想感情。所谓“情境”，即人沉浸于某种境界中的一种情感状态。中国古典园林所营造的“境”，在于利用建筑与环境、实景与虚景和谐配合，从而孕育出一派盎然生机。发展至明代末期，古代园林设计不再是单一、孤寂的建筑构造，而是综合考虑地理、山川、花木、动物等各种要素，使园林景观布局、形式、色调与文人情怀相得益彰。就中国古代园林艺术而言，“情境”实质上是审美对象与审美心境的统一，具体景观与深邃情思的融合，以有形实景烘托无形情愫，以有限的“壶中天地”再现无限的“旷士之怀”。以情感为线索，古代文人造园不仅注重对客观景物的塑造，更追求深层次情感和文化的传承。

一、五感观照

“五感观照”，即充分运用人的视觉、听觉、嗅觉、味觉、触觉，能够更加真实、生动地感受中国古典园林的艺术魅力。在中国古典园林中，山、水、植物、动物和建筑是主要的构景要素，对整体景观设计的美学评判主要依赖于这些造园要素的组合方式。集五种感官观照为一身，园林的确是一门综合性的造型艺术。以对空间形态塑造为基本表现手法，通过协调各个要素间相互关系，来激发游园者对形、声、色、味、触的真情实感，给人以愉悦的心灵慰藉，这是衡量一个园林是否成功的重要条件。

文震亨在《长物志》中有这样的记述：“……中可置台榭之属，或长堤横隔，汀蒲、岸苇杂植其中……以文石为岸，朱栏回绕……池旁植垂柳……中畜凫雁，须数十为群，方有生意。”在最大的水中可建楼台亭阁，或者筑长堤横隔，堤岸种上葱郁的菖蒲、芦苇等，更加显得水域宽阔浩瀚，一望无垠；用文石堆砌岸边，并用古朴的木栏环绕，则增添一份华丽雅致之美；池塘岸畔的垂柳徐徐，水中央野鸭、大雁嬉戏成群，一幅生气勃勃的中国山水画跃然纸上。通过恰当的布局、宜人的色彩、独具匠心的构思，中国古代园林设计才能达到如此和谐的视觉效果。在园林中造瀑布时，文氏曾提及：“置石林立其下，雨中能令飞泉瀑薄，潺湲有声，亦一奇也。”安放一些石子在池子里，下雨时能形成飞泉喷薄，潺潺有声。栽植松树，则讲究“龙鳞既成，涛声相应”。四季芬芳的繁花，如瑞香，其“香复酷烈，能损群花，称为‘花贼’”；野蔷薇，“香更浓郁，可以玫瑰”；桂花则被喻为“香窟”。至于各种禽鸟的“緜蛮软语，百种杂出，俱极可听”，飞鸟常常立于树杈间鸣啭，声音清脆悦耳。可见，以雨声、风声、花香、鸟鸣等虚景衬托实景，使游人心旷神怡，把园林意境上升到一个更高的审美境界。论及味觉，文震亨在《长物志》中卷十二“香茗”篇①中有这样的记述：“香、茗之用，其利最溥，物外高隐，坐语高德，可以清心悦神。”饮茶、品香是文人雅士隐逸山林、优游生活的重要内容，寄托一份清雅淡泊、悠闲自适的隐士情怀。根据不同的场合，香、茗的选用都能产生不同实用功效和美学效果。诸如，“初阳薄暝，兴味萧骚，可以畅怀舒啸”，晨曦薄暮，心生惆怅的时候，可以舒解心气，令人胸怀通畅；“晴窗拓帖，挥麈闲吟，篝灯夜读，可以远辟睡魔”，临帖摹写，闭目吟诵，或者挑灯夜读的时候，可以去除睡意；“青衣红袖，密语谈私，可以助情热意”，女子之间密语私聊的时候，则可以增加彼此之间的浓情蜜意；“坐雨闭窗，饭余散步，可以遣寂除烦”，雨天独自闷坐，或是饭后散步的时候，可以用来排遣寂寥烦闷。文人造园匠师们在考量人工环境与自然环境关系的基础上，把造亭建阁、掇山理水、栽花植树、驯禽养鸟等都顺应人类活动逻辑来安排其空间组织秩序。从人的五感出发，充分沉浸于中国古代园林所营造的唯美意境之中，是中华传统物质文化与士人精神的完美再现。

二、情感写照

中国古典园林中的“情”，包括社会情感与自我情感的统一。

① （明）文震亨著，陈植校注：《长物志·卷十二·香茗》，江苏科学技术出版社1984年版，第394页。

对应于晚明时期，江南地区文人私家园林本质上是封建传统观念与雅士文化内涵的真实写照。文人骚客将其对现实社会的不满情绪，在隐逸园居中得到情感宣泄，以实现对宁静、幽远、自由、恬淡的朴素追求。

基于特定历史条件、文化背景及造园匠师意识特征，社会情感必然凝结于中国古典园林的建筑纹样、色彩配搭、布局法则以及结构体系之中。如文震亨在《长物志》中对门的描述：“……门环得用古青绿蝴蝶兽面，或天鸡饕餮之属，”① 门环是门扇的一种点缀，文氏认为最好用蝴蝶或者天鸡、饕餮等形状的古青铜来做装饰，象征福禄美满、富贵平安，赋予其传统文化的深厚释义。又如做窗，文震亨指出“漆用金漆，或用朱黑二色，雕花、彩漆，俱不可用”②。尚简忌侈的社会价值观在明末时期蔚然成风，一时之间人们纷纷效仿此种手法。文氏强调只能用清漆，或者红、黑色，绝对排斥那种纷繁冗杂的雕花和彩漆，保持古雅超然的造园风格。深受老庄道家思想的影响，明末江南文人园林的空间布局则是以清静脱俗与自由随性为准则。如山斋，文氏认为：“或傍檐置窗槛，或由廊以入，俱随地所宜，”③ 依据地势地貌的特点，或者靠近屋檐处开设窗户，或者开在走廊一面。廊，则“忌长廊一式，或更互其制，庶不入俗”④，园林中所构建的长廊不能千篇一律，要有所变化，互不相同，才不至于落入俗套。

《吕氏春秋·察今》曾载：“世易时移，变法宜矣。”“随”、“宜”相结合，就是指人根据自然环境的不同条件随机应变，包含着自然对人的限制和人对自然的顺从。封建统治出现了严重的政治危机，社会阶级矛盾也不断激化，同时也出现思想危机。白居易《中隐》诗云：“大隐住朝市，小隐入丘樊。丘樊太冷落，朝市太

① 赵春光：《中国传统室内设计的设计美学》，载《浙江工艺美术》2007年第2期。

② 王惕：《中华美术民俗》，中国人民大学出版社1996年版，第31页。

③ （清）李渔：《闲情偶寄》，上海古籍出版社2000年版，第180页。

④ 陈从周：《园林谈丛》，上海文化出版社1980年版。

嚣喧。不如作中隐，隐在留司官。”安生朝堂的大隐做不到，穷居山林的小隐又难于忍受，于是一些有识之士就选择了“中隐”。文人士大夫为了适宜时局的变幻，寻求自由解放的性灵空间，不得不选择归隐山林以捍卫其超然脱俗的品格，通过构建园林达到抒发其“韵”、“才”、“情”等人文情怀的终极目标。文震亨的友人沈春泽在为《长物志》所作的序言开篇即点明了这一点：“夫标榜林壑，品题酒茗，收藏位置图史、杯铛之属，于世为闲事，于身为长物，而品人者，于此观韵焉，才与情焉。”士大夫借品鉴长物品鉴人，构建人格理想，标举人格的完善，在物态环境与人格理想的比照中，美与丑相互转化，融为一体，物境的经营成为个人人格的彰显，对自身形象、品质、性情等事的经营。如文氏在《长物志》“室庐”卷海论中论到：“……又鸱吻好望，其名最古，今所用者，不知何物，须如古式为之，不则亦仿画中室内宇之制。”他要求建筑构建要严格按照古时的规制制作，不然也应仿照画中房屋的样式制作。文氏就是通过以园林为中心，包括对花木，水石，禽鱼，舟车等各种“长物”构成的物态环境的经营中，表达和固守着作为一个知识分子的人格。物非物，景非景，在文氏赏玩品鉴的内核里，文氏那一介士人无限的忧思以及自己的人生理想，在其构建经营的动态景观园林里，得以传神摹写。又如“……供我呼吸，罗天地琐杂碎细之物于几席之上，听我指挥，挟日用寒不可衣、饥不可食之器，尊瑜拱璧，享轻千金，以寄我慷慨不平，非有真韵、真才与真情以胜之，其调弗同也。”①“供我呼吸”，寓意着文士们的及物取向，他们对事物和环境的选择标准是能“供我呼吸”者，它不仅排除了诸多俗物并给自己所选择的事物定了性，也指明了文士们对这类物（包括环境、居所等）的依赖和向往；“听我指挥”，是文士们对待物事的态度，不是被物役，而是役于物，即庄子所谓

---

① 刘延乾：《〈清闲供〉：明季文人的乡愿生活观及其保真意识》，载《贵州文史丛刊》2007 年第 1 期。

“官物”，“物物而不物于物”①。官场的失意和士子治国平天下的追求和气度也只能在这里加以实践和实现了，这是一种平衡之法，有了这种对物的调遣和指挥的快慰，从而导致心灵的平静和平衡；以致才能达至“寄我慷慨不平”②。

在解读社会情感的背景下，自我情感是对中国古典园林多元化、能动性的审美观照。文人造园艺术家通过园林景观营造出一种优雅高洁的文化氛围，游览者则置身于其中感悟古代园林的意境精髓，实现二者情感上的相互碰撞、完美契合。如种竹，文氏认为：“宜筑土为垅，环水为溪，小桥斜渡，陡级而登，上留平台，以供坐卧，科头散发，俨如万竹林中人”③，竹子应栽植在用土垒筑的高台之上，四周引水称为溪流，架设小桥临于小溪，然后拾级而上，上面留有平台供人坐卧，置身其间宛若林中仙人。通过营造静谧的山林、潺潺小溪，使得游人萌生遁入仙境的共鸣。可见，在有限空间与无限情怀之间构筑一道虚幻的桥梁，可以更好地实现中国古典园林意境中情与景的高度统一。

三、天人合一

道、儒两家对“天人合一”的阐述，体现了中华传统文化的精髓。先秦儒家文化的代表荀子在其《荀子·礼论》称：“性者，本始材朴也。伪者，文理隆盛也。无性则伪之无所加，无伪则性不能自美。”荀子主张“伪”，即人为。他指出，人性具有“本始材朴”的自然之性，“美”是人为的产物，这与儒家所推崇的伦理道德实践息息相关。荀子还提出了“从天而颂之，孰与制天命而用之”的命题，鼓励人类勇敢驾驭自然变化的规律并加以利用。“天命”是具有必然性、未知性、神秘性的自然法则，“而用之”强调

① 魏冬：《物物而不物于物：庄子心灵形上超越之途》，载《西藏民族学院学报（哲学社会科学版）》2003年第5期。

② 孟全成、杨春季：《慷慨不平的悲歌——〈梁甫吟〉》，载《教育科学论坛》2000年第8期。

③ （明）文震亨著，海军、田君注释：《长物志图说》，山东画报出版社2004年版，第293页。

了人在认识自然、利用自然中的主观能动作用。依儒家所见，通过人为的伦理道德实践对其“制而用之”，这才是真正的美与善。实质上，美学思想是一种“伦理的美学”。与先秦儒家不同，道家推崇的是一种超然于伦理道德、功名利禄的文化艺术境界。在道家来看，天是自然，人亦是自然的一部分。庄子认为“有人，天也；有天，亦天也。”天人本是合一的。

可见，儒家注重人道，而道家则注重天道；儒家崇尚绚丽，道家主张朴素。二者一脉相承、相互补充，贯穿了整个中国传统文化、哲学体系、美学思想和造园观念。儒家的“和者，天地之所生成也”①，道家的“天地与我并生，而万物与我为一”②，佛家的“天上地下，云自水由”③ 等等。上述论断都反映出人类对于“天人合一、情景交融”的美好诉求，更加强调人与自然和谐统一的必要性。“天”与“人”应该彼此互相渗透，彻底改变人与自然相互隔绝、相互敌对的局面。

诚然，伟大的哲学家老子，也曾经有“人法地、地法天、天法道、道法自然”④ 的言论。他主张追寻万物的本质，只有人和社会恢复其原始自然的状态，才能实现万物和谐的境界。在人和社会的双重作用之下，“道”介乎于二者之间。所谓“道法自然”的造园思想，其基本准则是“顺应自然”，是将造园师的审美意识、人为建造的古典园林与自然环境结合起来。在庄子看来，人生的最高理想是“返璞归真”，因“无为”而“无不为”，实现“天人合一”的境界。

深受“道法自然”哲学思想影响的文震亨，在造园理论中也有类似阐述，如《长物志》“室庐”卷中：“丈室宜隆冬寒夜，略

---

① 王志跃：《董仲舒与〈春秋繁露〉》，载《竞争力》2010 年第 5 期。

② 徐文武：《论庄子齐物论思想的系统性》，载《学习与探索》2005 年第 4 期。

③ 王仲尧：《中国人间佛教思想的先驱》，载《世界宗教研究》2004 年第 1 期。

④ 宋健平：《道法自然：〈老子〉的帮助》，载《宿州教育学院学报》2010 年第 12 期。

仿北地暖房之制，中可置卧榻或禅椅之属。前庭须广，以承日色，留西窗以受斜阳，不必开……。”①

他指出，建筑的空间布局应首先以防寒保暖为原则，庭院要尽量宽敞，便于接收日照，尤其在房屋的西面开设窗户，用来接受西斜的阳光等。除充分考虑建筑的使用功能以外，文震亨强调建筑与自然环境的协调，以最大限度地满足人的居住需求。又如古典园林中花木的培植，他指出应该遵循植物的生长规律，才能更加凸显其形态、色彩、芳香等特征。依据时令节气栽植花木，才能在中国古代园林中营造出“四时不断，皆入图画”的氛围。《长物志》中对兰花的培植有这样的叙述：“……四时培植，春日叶芽已发，盆土以肥，不可沃肥水……；夏日花开时嫩，勿以手摇动……；秋则微拨开根土，以米泔水少许注根下……；冬则安顿向阳暖室……。”②可见，按照四季的特点采用不同的培育方式，才能更好地延续兰花的生命力。此外，巧妙地进行各种物种的搭配，也能在园林中呈现四季不同、阴晴有别的美景。娇媚的鲜花和坚韧的树木之间的合宜配置，既造就千姿百态的园林美景，也赋予园林建筑以灵动意蕴。

“道法自然”，是道家哲学中具有决定性的观点，凝练了整个宇宙的运行法则。中国古典园林设计思想传承了道家思想的精髓，主张人与自然的“对话”，强调了一种对世界万物的崇高敬意。

中国传统园林意境中的“天人合一”，主要是指造园匠师通过对自然景物进行人为借引、加工、装饰，并赋予景观以某种精神情感寄托，令游览者触景生情，产生共鸣，进而领悟到景象所蕴藏的人文情感、哲学观念，在充分享受审美愉悦的同时，也能获得精神上的超脱与自由。运用特定空间构成手法，在中国传统文化和思想体系的感染下，“情”由“景”生，共同产生了中国传统园林所蕴含的美学意境。赏花，是文人墨客日常生活中的重要组成部分。

① （明）文震亨著，陈植校注：《长物志·卷一·室庐·丈室》，江苏科学技术出版社 1984 年版，第 29 页。

② （明）文震亨著，陈植校注：《长物志·卷二·花木》，江苏科学技术出版社 1984 年版，第 45~85 页。

如，菊花“至花发时，置几榻间，坐卧把玩”，体味其凌霜自行、节操高尚的情结①；梅，“花开时，坐卧其间，令人身心清爽”②，引起游览者对暗香盈袖的神韵和素艳高雅的风姿的向往。至于栽植林木，也是文士抒情言志的一种手法，“柔条拂水，弄绿搓黄，大有逸致”③，柔韧纤细的柳枝，黄芽绿叶相映成趣，轻风拂过水面，愈发摇曳多姿，勾起游览者无尽地联想。这些园林中“境”和“景”，虚与实、主与次、动与静相辅相成，从而达到“意与境浑、情景交融”。

江南文人园林之美，不仅仅在于亭台楼阁、水石花木的构建，更在于游居者对园林美感的内在心灵体验，甚至是纯粹个人的一种情感体验。如文震亨在《长物志》“舟车”卷描写小船：“系舟于柳荫曲岸，执竿垂钓，弄风吟月”，景观中，一车一船一草一木不再是孤立的存在，也不再是纯客体的“物”，都而是经过造园主独具匠心的概括和凝练而成的“景”，极具典型性和喻意性。又如，文震亨在《长物志》中对凿井的描述：“须于竹树下，深见泉脉，上置辘轳引汲，不则盖一小亭覆之。石栏古号‘银床’，取旧制最大而有古朴者置其上，井有神，井旁可置顽石，凿一小龛，遇岁时奠以清泉一杯，亦自雅致。”④ 应在竹林之下开凿井池，深挖引泉，上面设置辘轳提取井水，也可以盖一座小亭将其遮挡，用大而古朴的旧式石栏安置在井台上。因为井有神灵庇佑，于是在井旁用顽石挖凿一个小型神龛，每逢祭祀时节，园主或者游览者可以一杯清泉祭奠神灵，荡涤性灵，也自有一番闲情雅致。中国古代园林通过这些典型性景观塑造，唤起人们的联想，使人游于其中而恍若置身于

---

① （明）文震亨著，陈植校注：《长物志·卷七·器具·手炉》，江苏科学技术出版社1984年版，第254页。

② （汉）司马迁著，《史记全译》，第4册，贵州人民出版社2001年版，第1727页。

③ （明）文震亨著，陈植校注：《长物志·卷一·室庐·桥》，江苏科学技术出版社1984年版，第30页。

④ （明）文震亨著，陈植校注：《长物志·卷三·水石·凿井》，江苏科学技术出版社1984年版，第106页。

真山水中，这是园林建筑以有限寓无限的最高境界。于是，建筑空间成为设计者与欣赏者心理沟通的桥梁。他们共同在景物中寄托幽远的意境，追求象外之意趣，使物境与心境融为一体，充分发挥心灵能动作用，使人涉足成趣，从有限的物态景观中感悟到无限的生命真谛。

第三节 《长物志》之“意境”

宗白华先生在《美学散步》中曾指出：“主观的生命情调与客观的自然景象交融互渗，成就的灵境是构成艺术之所以为艺术的意境。”① 他将意境称为中国古代画家诗人“艺术创作的中心之中心”。在我国古典园林中，无论是亭台楼阁，还是山石花木，无一不与自然环境密切结合、和谐共处，这种古朴雅致的自然美，正是我国传统园林所特有的审美风格和意境韵味之所在。中国古代园林发展至明代末期，文人士流越来越多地参与造园实践，他们更加注重与环境相互协调，通过移景、借景、造景等各种手法来观景取景，追求一种“由景生情、情景交融”的艺术意境。特别是在江南地区，中国古代文人园林不仅融合自然美与意境美，更蕴藉着丰富文化内涵。

一、《长物志》文人园林居室的“旷士之怀，幽人之致”

随着商品经济繁荣发展，晚明社会的风尚标准与价值观念都发生了巨大转变，人们大多急功近利、物欲至上，奢靡之风盛行。因此，权贵阶级不断追求豪华的园居、精致的器物、奇特的书画等，以彰显其清高与富贵的身份地位。文人，同时具备良好的文化素养和优越的物质条件，他们则选择另辟蹊径，从艺术审美角度来感受生活、品玩赏鉴。尤其是富庶的江南地区，逐渐形成了一个新的园林艺术发源地。对居于城市生活的明代文人而言，园林生活无疑是

---

① 宗白华：《美学散步》，上海人民出版社 2005 年版，第 69~70 页。

最与自然山林贴近的一种生活方式①。文人士大夫参与造园，更加注重精巧的构思和适宜的布局，使游览者能身临其境，体验花草树木琴棋书画中的诗意与文趣。

时至明末清初，中国古典园林意境营造中的人文意识发展到巅峰。以人为本，满足人的生理、心理需求，从而构建园林空间意境营造的美学效果。诚如，文震亨在《长物志》开卷就点明这一主旨：“亭台具旷士之怀，斋阁有幽人之致，”园林中的亭台楼阁都必须兼具文人的情怀和隐士的风致。以《红楼梦》中的大观园庭院为例。潇湘馆是林黛玉居住的地方，在第十七回“大观园试才题对额　荣国府归省庆元宵”中，贾政带宝玉及一帮文人墨客同游大观园，途经此处并做出这样的描述：“忽抬头看见前面一带粉垣，里面数楹修舍，有千百竿翠竹遮映。众人都道：‘好个所在!’于是大家进入，只见入门便是曲折游廊，阶下石子漫成甬路。上面小小两三间房舍，一明两暗，里面都是合着地步打就的床几椅案。从里间房内又得一小门，出去则是后院，有大株梨花兼着芭蕉，又有两间小小退步。后院墙下忽开一隙，得泉一派，开沟仅尺许，灌入墙内，绕阶缘屋至前院，盘旋竹下而出。”② 潇湘馆周边植物中以翠竹为主，后院搭配梨树和芭蕉，色调基本是绿白的冷色调子。这样的植物配置体现出林黛玉孤洁的性格特点。竹是潇湘馆的标志，也是林黛玉品格的象征。在这里，馆的形象、人的形象、竹的形象融为一体③。通过字里行间渗透着的秀雅之情，与林黛玉纤细柔弱的形象、冰清玉洁的性格相得益彰。又如，蘅芜苑是薛宝钗的住所。为凸显薛宝钗朴素淡雅的形象，曹雪芹在《红楼梦》第八回对其院落环境的描述：“一色半新不旧，看去不觉奢华”，他在第四十回又写道：“及进了房屋，雪洞一般，一色玩器全无，案上

---

① 郑文：《江南世风的转变与吴门绘画的掘兴》，上海文化出版社 2007 年版，第 164 页。

② 《红楼梦》第十七回。

③ 胡悦，樊国盛，魏开云：《林黛玉性格与潇湘馆室外环境的园林意境研究》，载《农业科技与信息（现代园林）》，2006 年第 11 期。

只有一个土定瓶，瓶中供着数枝菊花，并两部书，茶奁茶杯而已。床上只吊着青纱帐幔，衾褥也十分朴素。”① 庭院内无一株花木，满园异草，清香馥郁，突出“衡芷清芬”的主题；室内摆设也寥寥无几，配以数枝菊花插入瓶中，菊花虽不艳丽，但也有沁人心脾的芳香，这种表面无华而暗香浮动的植物配置，很好地衬托出薛宝钗朴素大方的外表，而其周身却散发着动人的人格魅力。

二、明清文人园林空间的意境美

明末清初的文人园林，既有野趣盎然的生态环境，又有高洁精雅的人文氛围。吟诗、作画、赏花、品茶，乃是文人优游生活的主要内容，体现其清新脱俗的品格追求。这一时期，中国古典园林蕴涵着博大精深的传统文化和士阶文化，是“无声的诗，立体的画”。意境，是园林的灵魂。借助各种具体造园要素形成一种意象，由景生情，由心造境，最终实现情景交融的最高艺术境界。

在空间设计中，通过空间各要素（如造型、灯光、色彩、材质等）之间有机结合，按照虚实、对称、连续、反复的韵律节奏，多样统一的形式美原则，使建筑空间与环境生生相息，阴阳相济，艺术和自然融为一体，达到“形神兼备”、“气韵生动”的意境。以《红楼梦》中潇湘馆的空间布局和室内陈设为例，这里“凤尾森森，龙吟细细，一片翠竹环绕”，它也只有“一带粉垣，里面数楹修舍”。“小小的三间房屋，一明两暗，回廊曲折，翠竹掩映，婆娑玉立，石子漫路，小溪潺潺，绕阶缘房”，宛如江南水乡小桥流水的景致。首先，建筑的空间布局如此精巧雅致，与林黛玉细腻敏感的性格交相辉映。潇湘馆的正中央是一间小堂，林黛玉的香闺设置在堂的右侧，书房在堂的左侧。特别值得一提的是，书房中有一个月亮洞式样的景窗，恰巧烘托出林黛玉多愁善感的性格。至于室内摆设，原著中也花费较多的笔墨进行了细致刻画，如潇湘馆内的书架上堆叠厚重的书籍，室内放置一面优雅的古琴，浓郁的书香气息便跃然纸上，引用经典的“斗寒图”作喻更加能够凸显出林

---

① 《红楼梦》第八回。

黛玉的高洁才情和孤傲性格。总而言之，通过狭小紧凑的空间布置，正是这位悲情主人翁——林黛玉寄人篱下、内心忧郁的真实情感写照。要在有限的“壶中天地”中创造出层出不穷、含蓄不尽的意境，首先要“欲扬先抑”，利用园林空间的流动性、多变性和灵活性等特点，将整个园林空间分割为大小各异的景区，突出不同的主题和风格。《红楼梦》第十七回中，贾政率众人一起游览大观园，“只见一带翠嶂挡在面前。众清客都道：‘好山，好山！’贾政道：‘非此一山，一进来园中所有之景悉入目中，更有何趣?’众人都道：‘极是。非胸中大有丘壑，焉能想到这里。’说毕，往前一望，见白石，或如鬼怪，或似猛兽，纵横拱立；上面苔藓斑驳，或藤萝掩映；其中微露羊肠小径。贾政道：‘我们就从此小径游去，回来由那一边出去，方可遍览。’说毕，命贾珍前导，自己扶了宝玉，逶迤走出山口。”① 刚一进入大观园，首先映入眼帘的是一座假山，宛若一道翠嶂。假山的堆砌增添了古典园林的观赏性，形成园中曲折多变的障景，宝玉曾经用“曲径通幽”来题写这一景致。过了假山进入园内，依次有六大观赏景区：园前区、稻香区、花圃区、天上区、寒塘区和葬花区。以径、阶、墙、山、水、桥、廊等人工造景和花、木等自然景物分割各个景观空间，在园中形成一个个独立而别致的意境格局，进而融合成整体的园林意境。

三、《长物志》之“情”“景”“意”

文震亨在《长物志》中提出环境营造中的“三忘”境界，即“令居之者忘老，寓之者忘归，游之者忘倦”。所谓“三忘”境界，就是使居住其间的人永不觉老；使客居其间的人忘记返归；使游览其间的人忘记疲劳。文氏提出“三忘”的造园标准传达出传统士大夫文人对于理想的人居环境的一种美好憧憬，希望观赏者在游园的过程中沉浸在一种“情境”之中。中国古典园林所营造的“境”是利用建筑与环境、实景与虚景、动境与静境等多要素和谐统一。发展至明代末期，古代园林设计不再是单一、孤寂的建筑构造，而

---

① 《红楼梦》第十七回。

是综合考虑地理、山川、花木、动物等各种要素，使园林景观布局、形式、色调与文人情怀相得益彰。所谓“情境”，其实是人沉浸于某种境界中的一种情感状态，“情境”实质上是审美对象与审美心境的统一，具体景观与深邃情思的融合，以有形实景烘托无形情愫，以有限的“壶中天地”再现无限的“旷士之怀”。

园林的确是一门综合性的造型艺术。在中国古典园林中，山、水、植物、动物和建筑是主要的构景要素，对整体景观设计的美学评判主要依赖于这些造园要素的组合方式。集五种感官观照为一身，以对空间形态塑造为基本表现手法，通过协调各个要素间相互关系，来激发游园者对形、声、色、味、触的真情实感，给人以愉悦的心灵慰藉，这是衡量一个园林是否成功的重要条件。文人造园匠师们在考量人工环境与自然环境关系的基础上，把造亭建阁、掇山理水、栽花植树、驯禽养鸟等都顺应人类活动逻辑来安排其空间组织秩序。如文震亨在《长物志》中有这样的记述：“……中可置台榭之属，或长堤横隔，汀蒲、岸苇杂植其中……以文石为岸，朱栏回绕……池旁植垂柳……中畜凫雁，须数十为群，方有生意。”①在最大的水中可建楼台亭阁，或者筑长堤横隔，堤岸种上葱郁的菖蒲、芦苇等，更加显得水域宽阔浩瀚，一望无垠；用文石堆砌岸边，并用古朴的木栏环绕，则增添一份华丽雅致之美；池塘岸畔的垂柳徐徐，水中央野鸭、大雁嬉戏成群，一幅生气勃勃的中国山水画跃然纸上。又如，李渔在视觉的园林空间布局也处处独具匠心，“为‘便面’之形”，使其“纯露空明，勿使有纤毫障翳”。“坐于其中，则两岸之湖光山色，寺观浮屠，云烟竹树，以及往来之樵人牧竖、醉翁游女，连人带马尽入便面之中，作我天然图画”。②“便面”之窗，极大地开阔了观赏者的视野。将目光由室内延伸至室外的环境中去，并与其进行一种审美对话。窗外的湖水、山色、

① （明）文震亨著，陈植校注：《长物志·卷六·几榻·天然几》，江苏科学技术出版社1984年版，第231页。

② （清）李渔著，江巨荣、卢寿荣校注：《闲情偶寄》，上海古籍出版社2000年版，第193~194页。

寺观、佛塔、云烟竹树、马匹及往来之人物“皆备于我”，俨然是一幅天然图画。通过恰当的布局、宜人的色彩、独具匠心的构筑，园林景观才能达到如此和谐的视觉效果。同时，在其他感官的体验上面，文氏也曾提及，如：“置石林立其下，雨中能令飞泉瀑薄，潺湲有声，亦一奇也。”安放一些石子在池子里，下雨时能形成飞泉喷薄，潺潺有声。栽植松树，则讲究“龙鳞既成，涛声相应”。四季芬芳的繁花，如瑞香，其“香复酷烈，能损群花，称为‘花贼’”；野蔷薇，“香更浓郁，可以玫瑰”；桂花则被喻为“香窟”。至于各种禽鸟的“緜蛮软语，百种杂出，俱极可听”，飞鸟常常立于树杈间鸣啭，声音清脆悦耳。可见，以雨声、风声、花香、鸟鸣等虚景衬托实景，使游人心旷神怡，把园林意境上升到一个更高的审美境界。论及味觉，文震亨在《长物志》中卷十二“香茗”篇①中有这样的记述：“香、茗之用，其利最溥，物外高隐，坐语高德，可以清心悦神。”饮茶、品香是文人雅士隐逸山林、优游生活的重要内容，寄托一份清雅淡泊、悠闲自适的隐士情怀。从人的五感出发，充分沉浸于中国古代园林所营造的唯美意境之中，是中华传统物质文化与士人精神的完美再现。

中国传统园林意境中的“情景交融”，主要是指造园匠师通过对自然景物进行人为借引、加工、装饰，并赋予景观以某种精神情感寄托，令游览者触景生情，产生共鸣，进而领悟到景象所蕴藏的人文情感、哲学观念，在充分享受审美愉悦的同时，也能获得精神上的超脱与自由。运用特定空间构成手法，在中国传统文化和思想体系的感染下，“情”由“景”生，共同产生了中国传统园林所蕴含的美学意境。这些园林中“境”和“景”，虚与实、主与次、动与静相辅相成，从而达到“意与境浑、情景交融”。江南文人园林之美，不仅仅在于亭台楼阁、水石花木的构建，更在于游居者对园林美感的内在心灵体验，甚至是纯粹个人的一种情感体验。如文震亨在《长物志》“舟车”卷描写小船：“系舟于柳荫曲岸，执竿垂

① （明）文震亨著，陈植校注：《长物志·卷十二·香茗》，江苏科学技术出版社 1984 年版，第 394 页。

钓，弄风吟月"，景观中，一车一船一草一木不再是孤立的存在，也不再是纯客体的"物"，而是经过造园主独具匠心的概括和凝练而成的"景"，极具典型性和喻意性。又如，文震亨在《长物志》中对凿井的描述："须于竹树下，深见泉脉，上置辘轳引汲，不则盖一小亭覆之。……井有神，井旁可置顽石，凿一小龛，遇岁时奠以清泉一杯，亦自雅致。"① 应在竹林之下开凿井池，深挖引泉，上面设置辘轳提取井水，也可以盖一座小亭将其遮挡，用大而古朴的旧式石栏安置在井台上。因为井有神灵庇佑，于是在井旁用顽石挖凿一个小型神龛，每逢祭祀时节，园主或者游览者可以一杯清泉祭奠神灵，荡涤性灵，也自有一番闲情雅致。中国古代园林通过这些典型性景观塑造，唤起人们的联想，使人游于其中而恍若置身于真山水中，这是园林建筑以有限寓无限的最高境界。园林空间成为设计者与欣赏者心理沟通的桥梁，他们共同在景物中寄托幽远的意境，追求象外之意趣，使物境与心境融为一体，充分发挥心灵能动作用，使人涉足成趣，从有限的物态景观中感悟到无限的生命真谛。

在解读社会情感的背景下，自我情感是对中国古典园林多元化、能动性的审美观照。文人造园艺术家通过园林景观营造出一种优雅高洁的文化氛围，游览者则置身于其中感悟古代园林的意境精髓，实现二者情感上的相互碰撞、完美契合。如种竹，文氏认为："宜筑土为垅，环水为溪，小桥斜渡，陡级而登，上留平台，以供坐卧，科头散发，俨如万竹林中人"②，竹子应栽植在用土垒筑的高台之上，四周引水称为溪流，架设小桥临于小溪，然后拾级而上，上面留有平台供人坐卧，置身其间宛若林中仙人。通过营造静谧的山林、湍湍小溪，使得游人萌生遁入仙境的共鸣。可见，在有限空间与无限情怀之间构筑一道虚幻的桥梁，可以更好地实现中国

① （明）文震亨著，陈植校注：《长物志·卷三·水石·凿井》，江苏科学技术出版社1984年版，第106页。

② （明）文震亨著，海军、田君注释：《长物志图说》，山东画报出版社2004年版，第29页。

古典园林意境中情与景的高度统一。

明末私家园林在社交领域发挥着一定的影响力，凸显了人们对名望的追求，积淀了深厚的文化底蕴，是文化精英审美的产物。园林作为一个“场域”，通过文人之间的交流，在一个崇尚奢华与高雅的文化氛围中，审美意义和名利价值之间都得到充分的融合。园林中的文人雅集、诗画创作、收藏鉴赏、演剧娱乐等活动都在一定程度上体现出了文人墨客的高雅情趣，文人阶层作为社会的精英分子，在园林的交流活动中有力地彰显了其精英的身份和地位，园林别业成为了精英审美活动的载体，同时也是文人精神最好的栖息地。

基于这种特定的历史条件、文化背景及造园匠师意识特征，社会情感必然凝结于中国古典园林的建筑纹样、色彩配搭、布局法则以及结构体系之中以供观赏。如文震亨在《长物志》中对门的描述：“……门环得用古青绿蝴蝶兽面，或天鸡饕餮之属，”① 门环是门扇的一种点缀，文氏认为最好用蝴蝶或者天鸡、饕餮等形状的古青铜来做装饰，象征福禄美满、富贵平安，赋予其传统文化的深厚释义。

在园居生活中，鉴赏古玩书画也是一项很重要的文化活动，园林游赏、宴会或是文人聚会，鉴赏品评这些古书名画总是一种风雅的体现，展现的是士人的精致的审美品位。文人雅集的成果往往就体现在渗透着士人审美体验的诗词书画中，诗、文、书、画、篆刻艺术几乎是每个文人士子的基本的文学修养。在文人私家园林中，用书画点题其内容多是寓意祥瑞、规诫自勉、抒怀言志的。书画作品的浓淡相间、疏密有致、刚柔并济，润饰了室内空间环境的艺术文化格调，具有极大的审美价值。园林室内空间为书画展示提供了场所，造园的意境也因此而达到自然美、建筑美、绘画美、艺术美的高度统一。如市隐园，在王世贞去游览时，主人“出古画墨迹之类”供品评鉴赏。顾霖在《息园存稿》中也提到这种活动，如

① （明）计成著，胡天寿译著：《园冶》，重庆出版社2009年版，第72页。

《题罗侍御所藏周必都古松障》、《题王元章梅竹卷次祝鸣和》、《题唐子畏山水图》等等。又如《红楼梦》所述，大观园是为了元妃省亲而特别修建的私人园林，是一处富丽豪奢、诸景皆备的人造天堂。大观园既是一个充满诗意的境地，如诗如画，又是一个寄托作家理想的情感世界，情景和谐。

植物造景是园林的一个重要组成部分，大观园植物景品种齐全，含义丰富。梅、兰、竹、菊，称为文人四君子，象征高洁幽雅的意境。《红楼梦》中对它们都进行了详细描绘，如，栊翠庵是脱离红尘的仙佛境地，门前伫立如胭脂一般红梅，映衬着雪色，显得格外精神。雪中红梅傲霜斗雪，寓意妙玉心性高洁、超然脱俗。蘅芜院里，“三径香风飘玉蕙，一庭明月照金兰”。兰草象征显赫富贵，是仕人精神的传承。潇湘馆内，“凤尾森森，龙吟细细”，喻指黛玉人格的清高和孤傲。众人聚集一堂题写菊花诗，抒写感秋而生的情怀，崇尚菊的傲世而立的情操，同时象征园中人对清幽自然的追求。可见，园内槛外红梅、明月金兰、潇湘竹韵、黄昏秋菊等精致的景观，优美别致，令人神往。在大观园里居住着的少男少女，未染俗世，情趣高雅，自然而成一道诗意盎然的风景线。

中国古典园林中，常用简练而内涵丰富的诗文来题景，既能借物写意，又能借景写情，深受文人雅士的博爱，且在民间广为传诵。如《红楼梦》第十八回中元妃省亲之际，贾宝玉为潇湘馆题对额为：“宝鼎茶闲烟尚绿，幽窗棋罢指犹凉”，并题诗“有凤来仪”，言简意赅地描绘所见之景：“秀玉初成实，堪宜待凤凰。竿竿青欲滴，个个绿生凉。迸砌防阶水，穿帘碍鼎香。莫摇清碎影，好梦昼初长。”① 翠竹青翠欲滴，枝叶荫浓，带来阵阵凉意；茂密的竹林，既可以挡住即将要迸溅到台阶上来的溪水，又可以使房中香炉上所焚的芬芳不会透过帘子而散去。置身于如此森森万竿之中，使人很想在这翠竹浓荫之下小憩一阵，但又怕风吹竹摇影晃而打扰了自己的好梦。这首诗充满诗情画意，为读者勾勒出一幅清新隽永的园林画卷。借用潇湘馆迥异别处的典型环境，强烈地反衬出

① 《红楼梦》第十八回。

竹中精舍的独特意境。在这样的情境下，寓情于景，景物成了她暗自悲悯的情感寄托。在园林景观中，融入清新无为、清高无欲的中国传统文化思想，使景观环境所产生的意境与人物在不同状态下所具有的心境相互影响、相互作用，即寓情于景、景中有情，最后达到一种“意犹未尽”的美学境界。

第四节　本章小结

本章结合红楼梦大观园的场景描写，强调园林意境营造，体现文震亨“旷士之怀，幽人之境”的造物文人观。

游园者因景观而产生丰富的联想与共鸣，使景观得到文学艺术的升华。在园林中叠山理水，以一种精炼浓缩的手法构建组织空间，重现“一峰则太华千寻，一勺则江湖万里”的绝妙景观，进而达到“咫尺之内而瞻万里之遥，方寸之中乃辩千寻之峻”的美学效果。此外，运用花草植物的色彩和形态使游园者产生不同的审美体验。如，寓意坚贞不屈、万古长青的松树，虚心有节的翠竹，坚韧高洁的梅花等都象征着文人雅士独有的才情与节操。运用题咏、雕塑、碑刻、壁面等将民族习惯、文化风俗、历史典故等融入园林景观。如，西湖十景“苏堤春晓”、“南屏晚钟”、“雷峰夕照”等，以艺术手段对各种园林要素进行加工，以此激发游园者对唯美的崇拜和对理想的追求，与造园师们形成感情上的共鸣，达到“情景交融”的艺术境界。更值得一提的是，在中国古典园林中，往往采用将书画楹联、文玩古董等诸多器物“合式配就”的艺术手法，构建并传达士人阶层特有的理想人格和文化传统。遵循中国古人的生态观念，合理运用动物、植物、山水、建筑等各种造园要素，巧妙地将人工造景和自然成景相结合，形成一个良好的立体生态环境，从而实现园林景观与生态环境的交融。“情”、“景”、“意”交融，其本质是“天人合一”的全局观，对于全人类“可持续发展”和“永续生存”具有举足轻重的意义。

第八章　结论与启示

第一节　制具尚用，各有所宜

物的初衷是为了使用，尚“用”是属于涉及物质层面的思想观念，也是工艺造物的基本理论。文震亨在《长物志》第七卷“器具”篇里明确提到“制具尚用”的造物思想，在其建筑选址、功能及形式上都贯彻了“用”的概念。按《长物志》中“位置”卷所述：“位置之法，繁简不同，寒暑各异，高堂广榭，曲房奥室，各有所宜，即如图书鼎彝之属，亦须安设得所，方如图画。”文震亨指出室内空间布局，有繁有简，寒暑各异，高楼大厦，幽居密室，各不相同，即便图书及鼎彝之类玩物，也要陈设得当，才能像图画一样协调有致。毋庸置疑，“高堂广榭”，“曲房奥室”是对园林中常见建筑类型的特征进行精辟概括。如堂，“宜宏敞精丽”，应选择开阔疏朗之地；榭则追求朴素天成，回归自然之感；房，室，轩，斋，各有其微妙的差别；楼阁，或休憩或远眺，应从其功能上对景观空间进行整体把握；亭，是供人们短暂停留、休息、观景之用。在园林建筑选址时，文氏较多考虑建筑周围的生态环境、整体布局、地形地貌等客观条件，以及人在游憩中的功能需要和情感诉求等主观因素。为避免园林结构的过于松散凌乱，应结合地势变化，在园内高耸之地设置体量较大的建筑群，由此可鸟瞰全园，并从园内不同角度均可看到主要建筑的立体轮廓，达到对全园的控制作用。园林内建筑不片面追求高大奢丽，而重在适用——与环境、功用相适。例如，苏州的怡园是一座较大规模的私家园林，以复廊相隔成东、西部若干景区。其中藕香榭，又名荷花厅，为全园主厅，景色堪为全园之冠。藕香榭是园林景区内体量最大的建筑，以中部水池为中心，环以假山、花木、楼阁，起到画龙点睛的作用。这也恰好印证了中国传统画论的“画有宾有主，不可使宾胜主”，诚如宋代李成《山水诀》所述：“先立宾主之位，次定远近之形，然后穿凿景物，摆布高低，”① 强调主景突出的造园准则。园林建筑的“适用”性主旨是服务于“人”，是为满足和适应“人”的游憩生活、赏玩品鉴等多方面需求。文震亨在环境营造中提出“三忘”境界，即“令居之者忘老，寓之者忘归，游之者忘倦”，传达出传统士大夫文人对于理想的人居环境的一种美好憧憬。

文震亨在《长物志》中对园林建筑的“功用”上有所界定，在器具的“适用”性上同样有所诠释。《长物志》卷十二“香茗”篇中就茶具的选材，他指出：“茶壶以砂者为上，盖既不夺香，又无熟汤气。”② 在选材方面，砂土质地的壶体，它既不夺茶香，又无熟水味。比起其他材质的茶壶，其茶味愈发香醇芳郁，且能持久保温。《长物志》中多推荐砂质的器具，因为紫砂是一种双重气孔结构的多孔性材质，其气孔微细，密度较高，所以紫砂器皿透气性佳且不易渗漏。文氏认为：“以砂为之，制如碗式，上下二层。上层底穿数孔，用洗茶，沙垢皆从孔中流出，最便。”③ 用砂器制成像碗一样的茶洗，有上下两层，上层底部有若干小孔，洗茶时，沙子杂质就能顺着小孔流出，这个独具匠心的设计方便实用，起到轻巧过滤茶垢的作用。用紫砂材质的茶洗洗茶，不仅能较好地预热茶叶，而且不至于失去原味，茶的色香味也能得到淋漓尽致的发挥。

由此可见，造物的过程中满足功能是其首要目的，而材料的选择是更好地服务于“用”，只有选择合适的材料才能更好达到

---

① 秦岩：《中国园林建筑设计传统理法与继承研究》，北京林业大学博士学位论，2009 年。

② （明）文震亨著，陈植校注：《长物志·卷十二·香茗·茶壶》，江苏科学技术出版社 1984 年版，第 418~419 页。

③ （明）文震亨著，陈植校注：《长物志·卷十二·香茗·茶洗》，江苏科学技术出版社 1984 年版，第 417 页。

"用"的标准。文氏提出的"制具尚用"的造物思想不仅仅停留在器具的"功用"，而更多地上升至"适用"的层面。不论是器具制造或是建造园林最终是为构造物境，与士人心性相适，达到物于物、不役于物的境界，是所谓"明窗净几，以绝无一物为佳者"，即孔子"绘事后素"的境界。

陈设，不同于其他类型艺术品，其造型、体量及组合方式都在明代园林室内环境氛围的塑造中起到举足轻重的作用。晚明时期，文人造园之风盛行，居室陈设更加讲究"古雅相宜"、"精巧得当"。如文震亨《长物志》卷十"位置"篇中对置瓶的论述："随瓶置大小倭几之上，春冬用铜，秋夏用磁；堂屋宜大，书室宜小，贵铜瓦，贱金银，忌有环，忌成对。花宜瘦巧，不宜繁杂，若插一支，须择枝柯奇古，二枝须高下合插，亦止可一、二种，过多便如酒肆；惟秋花插小瓶中不论。供花不可闭窗户焚香，烟触即萎，水仙尤甚，亦不可供于画桌上。"① 花瓶根据式样大小，摆放在适宜的大小矮几上，春冬用铜瓶，秋夏用瓷瓶，堂屋用大瓶，书房宜小瓶。最好是选用铜、瓷瓶，金银瓶则俗不可耐，也不要有瓶耳，忌讳对称摆放。瓶花适合纤巧，不宜繁杂。如果单插一枝，要选择奇特古朴的枝干，二枝则要高低错落。室内摆有插花，不可关窗焚香，因为花被烟熏容易凋谢。所有家具、器物等陈设品都必须要与室内环境的氛围和意境相匹配。这种匹配，不仅包括器物与器物之间的"相宜"，更要求室内陈设与文人气质的"相符"，因为这些陈设都是文人士大夫历经儒雅文化所积淀而成的身份符号和地位象征。

配置园林植物除了要体现一般设计意图之外，也应与园林花木的生长规律相适宜。植物种类繁多，具有独特的形态、色彩、风韵、芳香等特征。应根据季节和时令变化培养种植花木，为中国古典园林创造出"四时不断，皆入图画"的意境。《长物志》中对兰花曾有这样一段记述："……四时培植，春日叶芽已发，盆土以

① （明）文震亨著，陈植校注：《长物志·卷一·室庐》，江苏科学技术出版社1984年版，第18页。

肥，不可沃肥水……；夏日花开时嫩，勿以手摇动……；秋则微拨开根土，以米泔水少许注根下……；冬则安顿向阳暖室……”①，讲究四季采用不同培育方式，遵循植物生长规律，才能保持花木的生命力。春季梢桠嫩绿，应注重施肥浇水；夏季繁花似锦，色香俱备；秋季花败叶落，侧重保护根基土壤；冬季防寒抗冻，宜将盆栽植物移置室内。另外，恰当地进行物种搭配，能使园林之景四季不同、阴晴有别。如紫薇，“四月开，九月歇，俗称‘百日红’。山园植之，可称‘耐久朋’”；葵花种类甚多，以“初夏，花繁叶茂，最为可观”；秋海棠，“秋花中此为最艳，亦宜多植”；腊梅，“磬口为上，荷花次之，九英最下，寒月庭除，亦不可无”②。巧妙合宜的植物配置，顺应时节变化栽植或娇媚、或坚韧、或苍郁、或疏淡的花木，不仅造就千姿百态的园林美，而且赋予园林山、水、建筑以灵动的神韵和气质。

“适度”作为一个形容词，其中涵盖着一个“度”的概念。从某个角度讲，“度”是中庸的一种平衡的状态，度是质和量的统一，是事物保持其质的量的界限、幅度和范围。从道教的角度来看，度是也道的动态，如果一种形态来衡量度适宜的状态，那就是自然。如孔子：“质胜文则野，文胜质则史，文质彬彬，然后君子。”运用到造物思想上，也还有另一方面的意义。即“文”指装饰、表现，相当于今人所说的物体的形式；“质”则指物体的本质，质地。在造物的过程中只有在完美的质地上添加适度的修饰，达到对立统一，才能使造物达到自然唯美的状态。文震亨在《长物志》中对镜的记述：“光背质厚无文者为上。”厚质，从物质层面而言，是指事物本生的材质与质地，重在体现造物的实用性思想。无文则是精神层面的追求，是一种追求简雅萧疏的审美向度，以及归隐山林的恬淡心态。这里的“无”我们

① （明）文震亨著，陈植校注：《长物志・卷二・花木》，江苏科学技术出版社1984年版，第45~85页。

② （明）文震亨著，海军、田君注释：《长物志图说》，山东画报出版社2004年版，第29页。

可以把它理解为一个阈值，体现着一个“度”的概念。不是指绝对意义上的“无”，而是指在一定“度”上的装饰，“无”繁琐的修饰。

就建筑而言，古人非常重视尺度合宜，讲究宫室有度，适形为美，适宜生活。“室”或“间”的尺度，应符合人体尺度，从而构成舒适的室内空间。诸多古籍对中国古代建筑礼制尺度都有规定，如《论衡·别通篇》：“宅以一丈之地为内”，内即内室，或内间，实际是以“人形一丈，正形也”为标准而权衡的①。这样的“室”或“间”构成多开间建筑，进而组成庭院或更大规模的建筑组群。在传统园林建筑空间构成中，除遵循礼制要求以外，还要尽量满足居住者的现实需求、园林空间艺术的组织需要，以及与环境配合的实际要求。如《长物志》中关于建筑尺度的记载：“自三级以至十级，愈高愈古。”② 门前台阶，应从三级到十级，越高才越显得古朴。园林建筑在选材上应注意在色彩上不能过分夺目，质感上要尽量接近自然。如文人造园是以“古雅”著称于天下，其园林建筑多取材于自然，不尚雕饰，以天然简朴取胜，一派文人水墨的清幽。文震亨的《长物志》道：“石栏最古，第近于琳宫、梵宇，及人家冢墓。傍池或可用；然不如石莲柱二，木栏为雅。柱不可过高，亦不可雕鸟兽形。”③ 栏杆是传统园林建筑中比较常见的组成部分，无论走廊、桥栈、花池、楼阁、台榭等，都以栏杆将园林划分成不同区域。中国传统园林建筑中栏杆的材料有很多种，以石为“古”，木为“雅”。式样简洁的栏杆造型可以起到点缀环境的作用，但切忌饰以鸟兽等复杂的图样。李渔的一些园林美学理论也以“适宜”为设计宗旨。他提出：“窗棂以明透为先，栏杆以玲珑为

---

① 张盛梅、孙健、李建桥：《礼制文化与中国古代建筑》，载《科技创新导报》2008 年第 21 期。

② （明）文震亨著，陈植校注：《长物志·卷一·室庐·阶》，江苏科学技术出版社 1984 年版，第 21 页。

③ 赵春光：《中国传统室内设计的设计美学》，载《浙江工艺美术》2007 年第 2 期。

主，然此皆属第二义；具首重者，止在一家之坚，坚而后论工拙”①，明确反对那种只求奢华，不求实用的本末倒置的风气。不仅园林如此，而且屋宇中有些构建元素也要以实用为主，这种思想无疑对中国古典园林发展起到了积极作用。

特别值得一提的是，明代家具是我国古代家具的典范，其造型简洁明快、工艺制作精良、使用功能完备，堪称巅峰之作。“精简而裁”，见于沈春泽《长物志》序：“几榻有度，器具有式，位置有定，贵其精而便、简而裁、巧而自然也。”重点强调室内各种陈设饰品的功用及样式，都须以“精致”、“简朴”为准则。遵循“少即是多”的设计手法，明式家具装饰多以素面为主，少而精致。家具的外表常以很小的面积饰以精细雕镂，点缀装饰在适当的部位，与大体量的整体造型形成张弛有致的对比。如文震亨《长物志》对天然几的描述：“……不则用木，如台面阔厚者，空其中，略雕云头，如意之类，不可雕龙凤花草诸俗式。”② 文氏指出，在几案台面宽厚的地方，可以略微雕刻一些云头、如意之类的图样，切不可以雕刻庸俗的龙凤花草之类的纹样。论及日本人制作的台几，文氏则称之“俱古雅精丽，有镀金镶四角者，有嵌金银片者，有暗花者，价俱甚贵”。又如文震亨《长物志》对箱的描写：“……又有一种差大，式亦古雅，作方胜、缨珞等花者，其轻如纸，亦可置卷轴、香药、杂玩，斋中宜多畜以备用。”③ 在稍大一点的箱子表面，可以绘制方胜或各色首饰等图样，轻巧如纸，式样也极其古雅可爱。又如文震亨《长物志》对香盒的描写：“香合以宋剔合色如珊瑚者为上，古有一剑环、二花草、三人物之说，又有

---

① 梅青原、邱海燕：《〈空间与形态设计〉教学构思》，载《职业》2010年第3期。

② （明）文震亨著，陈植校注：《长物志·卷六·几榻·天然几》，江苏科学技术出版社1984年版，第231页。

③ （明）文震亨著，陈植校注：《长物志·卷六·几榻·箱》，江苏科学技术出版社1984年版，第242页。

五色漆胎，刻法深浅，随妆露色，如红花绿叶、黄心黑石者次之。"① 剑环、花草、人物是指雕刻的花样，刻有这三种纹样的红色雕漆盒才能称为上品。秀美雅致的纹样，适度简洁的雕镂，与硬木自然朴素的纹理相得益彰，使明代家具装饰具有一种天然之美和含蓄之韵。明式家具装饰多以素面为主，少而精致。家具的外表常以很小的面积饰以精细雕镂，点缀装饰在适当的部位，与大体量的整体造型形成张弛有致的对比。

第二节　旷士之怀，幽人之境

我国古代哲学认为人的伦理道德与自然规律有一种内在的密切联系，两者在本质上是互相渗透、协调一致的。孔子提出的“以德配天”的“至圣”之人，就是与天合德的典范，具体表现为“修身、齐家、治国、平天下”的完美人格。几千年来，人们为了实现自身人格的完美塑造，常常从自然万象中体察人生哲理，借物咏志，以山水比德。李泽厚在《中国美学史》中曾对此现象作出评价“几千年来经常把自然的美和人的精神道德情操相联系，着重于把握自然美所具有的人的精神的意义，从而充满着社会色彩，极富人情味，具有实践理性精神”。（李泽厚、刘纪纲，1984）受此影响，作为中华传统文化的载体，中国古典园林的设计思想也更多地被倾注进中华传统的道德哲学。许多经典的园林景致通常从一个侧面表现为中国传统道德观念的艺术物化。

晚明在中国古代历史长河中处于一个转型期，当时社会思潮汹涌。传统的人格观、价值观在“朱学”和“王学”碰撞的余波中，跌宕起伏，并呈现为两种走向。一种走向是延续程朱理学的思想路线，将理学精神极端化，甚至倡导“存天理，灭人欲”另一种走向以阳明后学泰州学派为代表，呼吁冲破僵化的思维，高扬个性，肯定人欲。应该说，文震亨在这场思潮的争锋中并未执著地固守哪

① （明）文震亨著，陈植校注：《长物志·卷七·器具·香盒》，江苏科学技术出版社1984年版，第249~250页。

一方，其士人道德人格的坐标更趋于两重性，既有仰慕传统的“修身、齐家、治国、平天下”，真、善、美兼备的君子人格一面，又有晚明文人张扬个性、酷爱园居闲逸生活、超然于世俗、鄙世恶俗的另一面。这种道德人格的双重性在《长物志》园居营造理论的架构及其细节阐述中，被多次凸显出来。对于传统道德人格观，文震亨是尽力坚守的。在《长物志》中，他对体现君子之美“古”、“雅”、“清”等元素是极力倡导的，并且他还通常将自己的情感倾注于造园的素材之上，并赋予其人格属性，实现感性认识向理性认识的转变，体现了传统的道德观念。例如《水石志》提出“石令人古，水令人远”，文震亨挖掘了“石”、“水”元素与人的道德品质的对应关系。石头厚重敦实、质地坚硬，不易受到环境因素的损坏和侵蚀，具有耐久性，因此石被赋予了怀古抱真、守拙乐朴、不媚权贵的品德。“水”的道德情操的象征意义自古以来就多为人们所认同。文震亨提出“水令人远”。这其实也是对水的人格化象征意义的揭示，寓意着水能令人树立远大志向。此外，对照晚明一些以“隐”为名，而行“享乐”之实的士人，文震亨的传统人格观就更得到充分的彰显文震亨是隐逸闲适生活的提倡者和亲身实践者，然而在天启年间的苏州民变中却挺身而出，义正词严地与魏忠贤的党羽论理，力阻拘捕周顺昌，明亡之际，他又终以绝食殉难。另外，他的《长物志》虽在尽谈“如何游戏于物”，然而其文辞描绘的满纸萧寂之景却甚是明显。这些看似矛盾的事实，其实正是体现了文震亨对晚明社会状况的忧虑和对传统道德价值观的坚守。文震亨的这种坚守实际上是基于儒家经世济民思想基础之上的社会责任的履行。在晚明个性解放思潮的影响下，士人阶层的自我意识开始觉醒。他们不再只注重精神世界的诉求，而且更加关切现世生活的意义和价值，承认人们物质欲求的合理性。文震亨作为士人阶层的一员，他的道德观体现在对本阶层的生活方式及舒适度予以了深度地关切。《长物志》中论及的许多方法和见解，无不是考虑到如何满足士人生活的特殊情致，凸显士人阶层的个性地位。比如室庐设计要满足士人精神的需求，“亭台具旷士之怀，斋阁有幽人之致”陈植，关注生活的舒适度，“蕊隆则飒然而寒，凛冽则煦然而懊”，但是，这里也需要指出，文震亨道德观只是一种儒家经世致用价值观的体现，其所关切是寓精神于物质的“孔颜之乐”。他没有像李贽那样倡导人欲的极度释放，走向传统精神的反面。他反对穷奢极欲，纸醉金迷的物质生活方式。

总之，《长物志》所体现出来的人格观呈现为两面性一方面与当时社会思潮相一致，向往隐逸闲适另一方面没有完全脱离儒家经世济民的传统精神，坚守着传统的道德价值观。从内容表面上看，《长物志》是一部关于“物”的书，然而“物”的背后却蕴藏着很深的哲学道理。正如沈春泽在《长物志》序言所言“夫标榜林壑，品题酒茗，收藏位置图史、杯挡之属，于世为闲事，于身为长物。而品人者，于此观韵焉，才与情焉”，对于像文震亨这样的晚明士人来说，他们所关心的正是这些“长物”，他们借品鉴长物品鉴人，物境的经营正是人格的彰显。由此，《长物志》便涉及一个明代社会颇有争议的哲学命题，即“如何对待心与物”的哲学问题。而王阳明心学理论正是构成《长物志》格心哲学的重要基础。

基于对阳明心学思想的理解，我们再来分析心与物的关系，进而探究出《长物志》格物哲学的内涵。阳明心学认为，“心”是作为宇宙本体而自为存在的，心外原本无物。但是，当“心”作用于宇宙时，便会产生“物”。而这个“物”的存在，绝非独立于心之外，而是起媒介和桥梁的作用，是为了让心从自身出发后，最终能回到自身而设立的一个中间环节，其存在的意义在于完成阳明心学的逻辑论证结构，即“心”派生出“物”，“物”一又与“心”统一，重新回到“心”，构成一个“心一物一心”的圆圈逻辑结构。在这个逻辑结构中，“物”与“心”的关系是平等的，统一的。中国古人孜孜以求的审美活动中达到的最高境界，自然也是文震亨经营“长物”，建树人格的追求。在文震亨的视野中，“长物”不再是多余之物，它们已经切切实实地成为文氏生活的一个重要部分。士大夫按自己心中理想的道德和艺术模型，设计塑造出“长物”，这个长物不是客观的，而是感性的、主观的，不仅有明显的个性而且有族群性，如体现为文士阶层的品鉴标准和审美喜好。反过来，他们又借品鉴长物品鉴人，以之观“韵”、“才”、“情”，标举人格完善。在物态环境与人格理想的比照中，美与善互相转化，融为一体，物境经营成为个人人格的彰显。文震亨在《长物志》卷五“书画”篇中论道：“山水第一，竹树兰石次之，人物，鸟兽、楼殿、屋木小者次之，大者又次之。”古今优劣：“书学必以时代为限，六朝不及晋魏，宋元不及六朝与唐。画则不然，佛道、人物、林石、花竹、禽鱼，古不及近。”在造物思想上处处体现出文氏的审美格调，不论是品石还是论画都主张古雅之美，都传达出文人士大夫阶层所特有审美评价与理想人格。鉴藏古代器物不止是用来展示时间的久远，激发人的思古之情，它更重要的意义是将人带入新的文化情境中，所谓好古之风绝不是要将人带回到古代，而是通过将古物在当代生活中的参与，获得新的生命和建立新的文化标准。古物就像各种“长物”一样属于赏玩的对象，在赏玩的方式中，古物扮演了营造文雅生活的功能。

在居室陈设方面，他认为应以古雅为准则，不盲目追求时尚，需充分考虑人工环境与自然环境的关系，造园匠师把几榻、器具、饰品等按自然逻辑依次安排其空间秩序，使其具备合理的功能、宜人的比例和恰当的结构。如在《长物志》中“位置”卷道：“位置之法，繁简不同，寒暑各异，高堂广榭，曲房奥室，各有所宜，即如图书鼎彝之属，亦须安设得所，方如图画。云林青密，高梧古石中，仅一几一榻，令人想见其风致，真令神骨俱冷。故韵士所居，入门便有高雅绝俗之趣。”园林各厅堂斋馆的陈设、器物的位置之法，对家具陈设朴素品性的体味与提炼，实际来源于对文士高洁人格的向往与追求。古砚、旧古铜小注、旧窑笔格、笔洗、笔筒等文具，还有古铜花尊、哥窑定瓶，壁间挂古琴一、画一。但轩窗边、几案上、墙壁上，所置都为古雅之“韵物”，即除了日用品之外的具有极高文化品位的器具陈设。“燕衎之暇，以之展经史、阅书画、陈鼎彝、罗肴核、施枕簟，何施不可”，匾额、楹联、挂屏、古诗、名画等，集自然美、工艺美、书法美和文学美于一身，营造出优雅的艺术空间氛围。“艺术的生活就是本色的生活”①，本质

① （明）文震亨著：《长物志·蔬果卷》，江苏科学技术出版社1984年版。

上就是把生活中的每个细节都艺术化，在日常生活中营造或寻找一种古雅的文化气息和氛围。将文学意境、山水画的原理运用于造园艺术设计中，从山水园林、风花雪月、楼台馆阁，乃至膳食酒茶、文房四宝、草木虫鱼、博弈游戏、器物珍玩等事物上，获取文人士大夫的情怀。文氏的“重简素，忌浮华”的设计观念和造物主张，突出反映中国传统文人士族所追求的简朴、素雅、疏朗、高逸的审美情趣和生活理想，是文人品格的一种物化形式。文氏就是在对这样以园林为中心，包括对花木、水石、禽鱼、舟车等各种“长物”构成的物态环境的经营中，表达和固守着作为一个知识分子的人格。物非物，景非景，在文氏赏玩品鉴与格心成物的哲学内核里，文氏那一介士人无限的忧思以及自己的人生理想，在其构建经营的动态景观园林里，得以传神摹写。

文震亨在其《长物志》中，自始至终地阐述这种崇雅反俗的审美观照，本质上而言，是对自我生活和艺术创作现实的一种陈述，也是对艺术化生活理想的一种表白，力求确立一种“雅”的尺度，成为生活文化艺术化标准的制定者、评判者和记录者。文氏赏玩品鉴的核心是通过构建动态园林景观，传神地摹写一介士人无限的忧思以及崇高的理想。“古”、“雅”，是一种文人士大夫特有的审美向度和精神诉求，尤其体现在室内陈设的布置、造型等方方面面，文震亨通过经营物态环境，把闲隐理想、玩赏文化、园居生活等方面与现实的社会相融合，使生活情趣与艺术诗情相结合，显示出一种享受人生的文化气氛和处世态度。

第三节　天人合一，情景交融

“天人合一”是中国古代哲学的重要命题，古人看待宇宙及自然万物的基本态度。它强调人和自然的关系，即主张人和自然应该和谐、统一；其次，这一理念引申开来，涉及社会中的人与人的关系，即提倡“和谐”、“融合”、“人和”。天人合一的思想源远流长。《周易·文言传》曰“夫大人者，与天地合其德，与日月合其明，与四时合其序，与鬼神合其吉凶，先天而天弗违，后天而奉天时。天且弗违，况于人乎，况于鬼神乎”。其中四个“合”字是“天人合一”思想的核心所在，体现出“融合”和“顺应”两层要义。融合是指人与自然万物为一体。“顺应”是指对自然秩序，要遵循自然法则与规律。除了这句话之外，我国儒道两家的哲学巨匠都曾对天人合一思想做出过重要表述。孔子曾提出“仁者乐山，智者乐水”孟子主张“性天合一”老子提出“人法地，地法天，天法道，道法自然”。《庄子·齐物论》云“天地与我并存，万物与我为一”。

可以说，先秦之后“天人合一”的思想一直是中国文化思想的主流。这种思想因袭传承，影响着人们的自然观、人生观及艺术观，自然也影响着古代的造园理念。在这种质朴的哲学思想支配下，模山范水，造化天地成为古人营造园林的一种境界追求。作为造物、造园学的理论文献，《长物志》所构架理论体系的基点正在于此。在文震亨的造园理念中，自始至终贯穿着“天人合一”的基本思想。

其一，《长物志》的造园设计中始终突出强调营造“天人合一”的自然意境。

“天人合一观，具有天然的美学品格。它启示于人的至善、至美的境界，是人与自然和谐统一的境界它对中国古典建筑、园林设计所体现出来的美学思想的影响是全面而深刻的”。文震亨十分欣赏并注重蕴含于“天人合一”思想内的美学品质，在《长物志》首卷就表达出自己的诉求，“居山水间者为上，村居次之，郊居又次之。吾济纵不能栖岩止谷，追绮园之踪而混迹都市，要须门庭雅洁，室庐清靓，亭台具旷士之怀，斋阁有幽人之致。又当种佳木怪捧，陈金石图书。令居之者忘老，寓之者忘归，游之者忘倦”。在“花木”卷中，他又更为生动具体地描绘到，“种竹宜筑土为垅，环水为溪，小桥斜渡，险级而登，上留平台，以供坐卧，科头散发，俨如万竹林中人也”。可见，在文震亨的造园理论构架中，“天人合一”思想是占有一定的统摄地位的，它是园景营造效果的第一审美准则，并且直接影响到造景理念的确立，以及具体技法的运用。

其二，“天人合一”思想在《长物志》中还体现为“适宜”的设计理念。如前文所述，“天人合一”的第二层核心要义就是强调顺应，即指对自然法则及秩序的遵循。而文震亨在《长物志》中多次鲜明强调的“适宜”原则就体现了“天人合一”中“顺应自然”的思想。首先，鉴于“人巧”非顺应自然之举，而且损坏事物自然古朴的本性，文氏对那些错彩镂金、雕绘满眼、铅华粉黛、新丽浮艳的创造行为，视为“恶俗”。他的这种审美设计取向是“同老庄、嵇康、陶渊明、谢灵运、司空图等延续以来的晚明文艺思想一致的，……进而将审美理想导向人格道德的升华”。（海军、田君，2004）其次，《长物志》“适宜”设计的理念是基于天人合一理念中“顺应”要旨的引申。人在自然面前的“顺应”，是人遵循自然之规则行事。在造园设计上，文震亨认为这种“顺应”应该是宏观的园林布局规划设计要考虑到周围的客观环境，因地制宜。正如“位置”卷所说“高堂广室，曲房奥室，各有所宜”。（陈植，2004）微观具体的园林景致营构中，设计者要尊重构园要素的自身本性。比如文震亨在植物造景技法阐述中，多次强调要关切尊重植物的生长习性。

文震亨在《长物志》中提出环境营造中的“三忘”境界，即“令居之者忘老，寓之者忘归，游之者忘倦”。所谓“三忘”境界，就是使居住其间的人永不觉老；使客居其间的人忘记返归；使游览其间的人忘记疲劳。文氏提出“三忘”的造园标准传达出传统士大夫文人对于理想的人居环境的一种美好憧憬，希望观赏者在游园的过程中沉浸在一种“情境”之中。中国古典园林所营造的“境”是利用建筑与环境、实景与虚景、动观与静观等多要素和谐统一。发展至明代末期，古代园林设计不再是单一、孤寂的建筑构造，而是综合考虑地理、山川、花木、动物等各种要素，使园林景观布局、形式、色调与文人情怀相得益彰。所谓“情境”，其实是人沉浸于某种境界中的一种情感状态，“情境”实质上是审美对象与审美心境的统一，具体景观与深邃情思的融合，以有形实景烘托无形情愫，以有限的“壶中天地”再现无限的“旷士之怀”。

在中国古典园林中，山、水、植物、动物和建筑是主要的构景要素，对整体景观设计的美学评判主要依赖于这些造园要素的组合方式。集五种感官观照为一身，园林的确是一门综合性的造型艺术。以对空间形态塑造为基本表现手法，通过协调各个要素间相互关系，来激发游园者对形、声、色、味、触的真情实感，给人以愉悦的心灵慰藉，这是衡量一个园林是否成功的重要条件。从人的五感出发，充分沉浸于中国古代园林所营造的唯美意境之中，是中华传统物质文化与士人精神的完美再现。

文氏在《长物志》“室庐”篇的总论中曾提及：“随方制象，各有所宜，宁古无时，宁朴无巧，宁俭无俗；至于萧疏雅洁，又本性生，非强作解事者所得轻议矣。”① 他认为园林建造应不拘泥于其严整、对称、整齐的空间格局，建筑群体外部轮廓或规整或随意，院内各建筑物更倾向于“随地所宜”，因山就水，高低错落，以这种千变万化的景观铺陈来强化建筑与自然环境的完美融合，以曲径通幽的空间序列布局展现建筑空间的“绘画之美”。我国传统园林建筑的梁柱木结构所具有的特性，不仅为空间处理带来了极大的自由度，也提供了“随方制象，各有所宜”的必要条件。木框架结构的单体建筑，内墙外墙可有可无，空间可虚可实、可隔可透，它既分割了空间，又可使两旁空间任意流通，从而形成了空间层次上丰富多变的建筑群体。园林建筑与其他建筑类型相比较的特别之处，在于其要与园林这个大环境相协调，实现建筑美与自然美融合。如园林里那些各式各样的廊子，好像纽带一般把人造建筑与天成自然贯穿联系起来。例如，中国古代园林中频繁出现的廊，很好地将人造建筑与自然景观连贯沟通。作为一种“线”型建筑应用于园林之中，廊本来就是联系建筑物，划分空间的重要手段。廊也能随地形地势蜿蜒起伏，其平面亦可屈曲多变而无定制，因而在造园时常被用于分隔园景、增加层次、调节疏密，是控制园林中观景程序与层次展开的主要组织手段。以一种“峰回路转”、“渐入佳境”式的流动视点，游览者能亲临于立体空间中来品赏山水之

① （明）文震亨著，陈植校注：《长物志·卷一·室庐·海论》，江苏科学技术出版社 1984 年版，第 36~37 页。

趣。多种多样的建筑类型展现出“得体适宜”的建筑影像，从而形成浑然天成的园林布局。

中国传统园林意境中的“情景交融”，主要是指造园师通过对自然景物进行人为借引、加工、装饰，并赋予景观以某种精神情感寄托，令游览者触景生情，产生共鸣，进而领悟到景象所蕴藏的人文情感、哲学观念，在充分享受审美愉悦的同时，也能获得精神上的超脱与自由。运用特定空间构成手法，在中国传统文化和思想体系的感染下，“情”由“景”生，共同产生了中国传统园林所蕴含的美学意境。这些园林中“境”和“景”，虚与实、主与次、动与静相辅相成，从而达到“意与境浑、情景交融”。江南文人园林之美，不仅仅在于亭台楼阁、水石花木的构建，更在于游居者对园林美感的内在心灵体验，甚至是纯粹个人的一种情感体验。如文震亨在《长物志》“舟车”卷描写小船：“系舟于柳荫曲岸，执竿垂钓，弄风吟月”，景观中，一车一船一草一木不再是孤立的存在，也不再是纯客体的“物”，而是经过造园主独具匠心的概括和凝练而成的“景”，极具典型性和喻意性。又如，文震亨在《长物志》中对凿井的描述：“须于竹树下，深见泉脉，上置辘轳引汲，不则盖一小亭覆之。……井有神，井旁可置顽石，凿一小龛，遇岁时奠以清泉一杯，亦自雅致。”① 应在竹林之下开凿井池，深挖引泉，上面设置辘轳提取井水，也可以盖一座小亭将其遮挡，用大而古朴的旧式石栏安置在井台上。因为井有神灵庇佑，于是在井旁用顽石挖凿一个小型神龛，每逢祭祀时节，园主或者游览者可以一杯清泉祭奠神灵，荡涤性灵，也自有一番闲情雅致。中国古代园林通过这些典型性景观塑造，唤起人们的联想，使人游于其中而恍若置身于真山水中，这是园林建筑以有限寓无限的最高境界。于是，建筑空间成为设计者与欣赏者心理沟通的桥梁。他们共同在景物中寄托幽远的意境，追求象外之意趣，使物境与心境融为一体，充分发挥心灵能动作用，使人涉足成趣，从有限的物态景观中感悟到无限的生命真

① （明）文震亨著，陈植校注：《长物志·卷三·水石·凿井》，江苏科学技术出版社 1984 年版，第 106 页。

谛。

在解读社会情感的背景下，自我情感是对中国古典园林多元化、能动性的审美观照。文人造园艺术家通过园林景观营造出一种优雅高洁的文化氛围，游览者则置身于其中感悟古代园林的意境精髓，实现二者情感上的相互碰撞、完美契合。如种竹，文氏认为："宜筑土为垅，环水为溪，小桥斜渡，陡级而登，上留平台，以供坐卧，科头散发，俨如万竹林中人，"① 竹子应栽植在用土垒筑的高台之上，四周引水称为溪流，架设小桥临于小溪，然后拾级而上，上面留有平台供人坐卧，置身其间宛若林中仙人。通过营造静谧的山林、湍湍小溪，使得游人萌生遁入仙境的共鸣。可见，在有限空间与无限情怀之间构筑一道虚幻的桥梁，可以更好地实现中国古典园林意境中情与景的高度统一。

古代各家关于"天人合一"的论述虽各有异同，却构成了一条互为补充、互为深化的重要思想发展线索，影响了整个古代中国的文化史、哲学史、美学史和造园史。儒家的"和者，天地之所生成也"②，道家的"天地与我并生，而万物与我为一"③，佛家的"天上地下，云自水由"④ 等等。都是坚信人与自然统一的必要性和可能性，尽管包含一些唯心主义的神秘色彩，但它们认为人与自然不应该相互隔绝、相互敌对，而是能够并且应该彼此互相渗透。和谐统一，强调人与自然的统一性，乃是中华民族思想的优秀传统，并且是同中华民族的审美意识不可分离的。这种天人合一的整体观，对于人类的"可持续发展一永续生存"是颇有启发意义。

中国最伟大的哲学家老子两千多年前就曾有关于世界观的言

---

① （明）文震亨著，海军、田君注释：《长物志图说》，山东画报出版社 2004 年版，第 29 页。

② 王志跃：《董仲舒与〈春秋繁露〉》，载《竞争力》，2010 年第 5 期。

③ 徐文武：《论庄子齐物论思想的系统性》，载《学习与探索》2005 年第 4 期。

④ 王仲尧：《中国人间佛教思想的先驱》，载《世界宗教研究》2004 年第 1 期。

论："人法地、地法天、天法道、道法自然。"① 他主张万物复归其本源，人类和社会必须复归其原始自然的状态才能实现万物和谐的境界。"道"，是一介乎自然、人生之际的哲学元范畴。"道法自然"是古典园林的造园思想，是将人的审美心理与人工建造的园林世界及自然界之间融合，人与自然的基本准则是无为和谐，顺应自然。在老庄看来，返璞归真是人生的最高境界，也是文化的最高境界。是通过"无为"而达于"无不为"、因"无为"而"无不为"，达到"天人合一"的境界。文震亨在造园理论中上对"道法自然"设计思想的也有所阐述，如在《长物志》"室庐"卷中："丈室宜隆冬寒夜，略仿北地暖房之制，中可置卧榻或禅椅之属。前庭须广，以承日色，留西窗以受斜阳，不必开……"②，指出丈室的内部空间布置应注重防寒保暖，庭院要宽敞，便于接收阳光，西面开设窗户，用来接受西斜的阳光等。由此可见，文氏要求在做建筑时需考虑建筑的使用功能，同时也要注意与自然环境的结合，要充分与自然进行"对话"以满足人的需求。又如园林植物的配置应与花木的生长规律相适宜，植物种类繁多，具有独特的形态、色彩、风韵、芳香等特征。应根据季节和时令变化培养种植花木，为中国古典园林创造出"四时不断，皆入图画"的意境。《长物志》中对兰花曾有这样一段记述："……四时培植，春日叶芽已发，盆土以肥，不可沃肥水……；夏日花开时嫩，勿以手摇动……；秋则微拨开根土，以米泔水少许注根下……；冬则安顿向阳暖室……"③，讲究四季采用不同培育方式，遵循植物生长规律，才能保持花木的生命力。恰当地进行物种搭配，能使园林之景四季不同、阴晴有别，巧妙合宜的植物配置，顺应时节变化栽植或娇媚、或坚韧、或苍郁、或疏淡的花木，不仅造就千姿百态的园林

① 宋健平：《道法自然：〈老子〉的帮助》，载《宿州教育学院学报》2010年第2期。

② （明）文震亨著，陈植校注：《长物志·卷一·室庐·丈室》，江苏科学技术出版社1984年版，第29页。

③ （明）文震亨著，陈植校注：《长物志·卷二·花木》，江苏科学技术出版社1984年版，第45~85页。

美，而且赋予园林山、水、建筑以灵动的神韵和气质。“道法自然”的设计思想反映了道家思想的精髓，同时也是对世界万物给予了应有的尊重。“道法自然”主张建立人与自然的对话；隐含着整个宇宙的运行法则；强调了一种对自然界的深刻敬意。这是道家哲学中具有决定性的观点，可以说，这一结论决定性地影响了中国的古典园林艺术。

中国文化发展到先秦，始涉辉煌之境，主要表现为道儒两家“天人合一”的双华映对。早在荀子主张“伪”，这一个“伪”字，最好不过地道出了先秦儒家文化的真实。《荀子·礼论》称，“无伪则性不能自美”。伪者，人为也。性，本始材朴也。在先秦道家那里，只有体悟与表现“本始材朴”之“道”，才是“美”。儒家认为“美”是人工、人为的产物，它尤其是与儒家所推崇的伦理道德实践相关的。“美”就是“制天命而用之”。“天命”者，未经把握到的、具有神秘氛围的自然规律与本质。在先秦儒家看来，通过人为实践，尤其是伦理道德实践对其“制而用之”，这便是善，也是美。因此，如果说先秦道家所推崇的文化精神境界由于一般地超然于伦理功利而被看做比较接近于纯粹的艺术境界的话，那么在先秦儒家，却由于过多地纠缠于伦理道德而几乎使其美学思想成为一种“伦理的美学”。道家重自然（天道）而儒家重社会（人道）；一以天然胜，一以人工胜；一崇朴素，一主绚丽，均给后代中国城市和建筑发展以巨大影响。历经沧桑，时至今日，文氏所所追求的生态与建筑的和谐统一，倡导人与景的和谐共生，对现代园林设计仍然有着重要启示。

《吕氏春秋·察今》曾载：“世易时移，变法宜矣。”“随”、“宜”相结合，就是指人根据自然环境的不同条件随机应变，包含着自然对人的限制和人对自然的顺从。封建统治出现了严重的政治危机，社会阶级矛盾也不断激化，同时也出现思想危机。白居易《中隐》诗云：“大隐住朝市，小隐入丘樊。丘樊太冷落，朝市太嚣喧。不如作中隐，隐在留司官。”安生朝堂的大隐做不到，穷居山林的小隐又难于忍受，于是一些有识之士就选择了“中隐”。文人士大夫为了适宜时局的变幻，寻求自由解放的性灵空间，不得不选择归隐山林以捍卫其超然脱俗的品格，通过构建园林达到抒发其“韵”、“才”、“情”等人文情怀的终极目标。文震亨的友人沈春泽在为《长物志》所作的序言开篇即点明了这一点：“夫标榜林壑，品题酒茗，收藏位置图史、杯铛之属，于世为闲事，于身为长物，而品人者，于此观韵焉，才与情焉。”士大夫借品鉴长物品鉴人，构建人格理想，标举人格的完善，在物态环境与人格理想的比照中，美与丑相互转化，融为一体，物境的经营成为个人人格的彰显，对自身形象、品质、性情等事的经营。如文氏在《长物志》“室庐”卷海论中论道：“……又鸱吻好望，其名最古，今所用者，不知何物，须如古式为之，不则亦仿画中室内宇之制”他要求建筑构建要严格按照古时的规制制作，不然也应仿照画中房屋的样式制作。文氏就是通过以园林为中心，包括对花木，水石，禽鱼，舟车等各种“长物”构成的物态环境的经营中，表达和固守着作为一个知识分子的人格。物非物，景非景，在文氏赏玩品鉴的内核里，文氏那一介士人无限的忧思以及自己的人生理想，在其构建经营的动态景观园林里，得以传神摹写。又如“……供我呼吸，罗天地琐杂碎细之物于几席之上，听我指挥，挟日用寒不可衣、饥不可食之器，尊瑜拱璧，享轻千金，以寄我慷慨不平，非有真韵、真才与真情以胜之，其调弗同也”。①“供我呼吸”，寓意着文士们的及物取向，他们对事物和环境的选择标准是能“供我呼吸”者，它不仅排除了诸多俗物并给自己所选择的事物定了性，也指明了文士们对这类物（包括环境、居所等）的依赖和向往；“听我指挥”，是文士们对待物事的态度，不是被物役，而是役于物，即庄子所谓“官物”，“物物而不物于物”②。官场的失意和士子治国平天下的追求和气度也只能在这里加以实践和实现了，这是一种平衡之法，有了这种对物的调遣和指挥的快慰，从而导致心灵的平静和平衡；

---

① 刘延乾：《〈清闲供〉：明季文人的乡愿生活观及其保真意识》，载《贵州文史丛刊》2007 年第 1 期。

② 魏冬：《物物而不物于物：庄子心灵形上超越之途》，载《西藏民族学院学报（哲学社会科学版）》2003 年第 5 期。

以致才能达至“寄我慷慨不平”①。

经过历代造园技法的传承，这种造园理念不断渗透到园林景观设计的每一个环节。毫不夸张地说，中国古典园林建造的全过程都是以“随形就势，合宜得体”的概念贯穿始终。

第四节　本 章 小 结

古典文人园林从物质上来说它们可居可游，为文人士大夫提供怡情悦性的独立空间，从精神上来说又是园林主人的寄托，一草一木、一泉一石无不闪烁着主人思想的光辉，从文化上来说，这些园林因为与明代上海地区的诗歌、绘画、书法艺术有着密切的联系，从而也构成了独特的园林文化，在中国古典园林文化中闪烁着炫目的光辉。“应时而动、随地所宜、因人而异、择材施技……”构成了中国古代造物的设计文化观念层的主体，决定着相应的设计传统的风格、面貌、情趣及演变趋势，文震亨提出“巧夺天工，各得所适”明确提出了造物标准——“适”，它代表和反映了古代工匠在千万次造物设计实践中不断积淀下来的具有公理性的认知定势。梁启超在《劝学篇·外篇·变法第七》中写道：“不可变者，伦纪也，非法制也；圣道也，非器械也；心术也，非工艺也。……法者，所以适变也，不可尽同；道者所以立本也，不可不一。”他将中国古代的造物观念，进行现代诠释，从中也提到了“适变”的概念。时代在变，环境在变，社会、经济、技术、价值以及作为造物主体和使用者的人都瞬息万变，其核心造物思想——“适”是不变的。在现时代的整个文化系统和社会体系之中，能与时代同呼吸，同脉搏的设计才具备旺盛的生命力。

《长物志》中的造物思想，是晚明社会江南地区商品经济萌芽背景下文人品味精致生活和显露温文气质的产物，其中也蕴含了彼时彼地复杂而幽微的文人心态，是具有生命的文化遗产。以现代设

① 孟全成，杨春季：《慷慨不平的悲歌——〈梁甫吟〉》，载《教育科学论坛》2000年第8期。

计艺术学的纬度剖析古人的造物思想，继承与挖掘传统文学理念，呼唤人们潜在的“人文情怀”逐渐成为当今设计的主流。尊重地域文化、深挖美学理论、提炼纹样符号、将设计研究重心延伸至其背后隐藏的中国传统文化，将是中国当代园林设计艺术的发展趋势。

参 考 文 献

1. 中文文献

[古籍]

[1]（清）谷应泰撰:《明史纪事本末》，中华书局 1997 年版。

[2]（明）范濂:《云间据目钞》，江苏广陵古籍刻印社 1984 年版。

[3]（明）计成，陈植注释:《园冶注释》，中国建筑工业出版社 1988 年版。

[4]（清）李渔:《闲情偶寄》，上海古籍出版社 2000 年版。

[5]（清）李渔著，单锦珩校点:《联匾第四·闲情偶寄卷 4》，浙江古籍出版社 1985 年版。

[6]（清）李渔撰:《闲情偶寄窥词管见》，中国社会科学出版社 2009 年版。

[7]（清）李渔:《李渔随笔·全集》，京华出版社 2001 年版。

[8]（明）林希元:《林子崖先生文集》，转引自陈学文:《中国封建晚期的商品经济》，湖南人民出版社 1989 年版。

[9]（清）钱泳著，张伟点校:《履园丛话》，中华书局 1979 年版。

[10]（明）文震亨著，陈植校注:《长物志校注》，江苏科学技术出版社 1984 年版。

[11]（明）文震亨著:《长物志图说》，山东画报出版社 2005 年版。

[12]（清）徐崧，张大纯:《百城烟水》，江苏古籍出版社 1999 年版。

[13]（清）笪重光:《画筌》，载俞剑华《中国古代画论类编》，

人民美术出版社 2000 年第 2 期。
[14] （清）恽南田：《南田画跋》，载安澜：《画论丛刊》，人民美术出版社 1960 年第 1 期。
[15] （清）张廷玉等撰：《明史》，中华书局 1974 年版。
[16] （明）张居正：《张太岳集》，上海古籍出版社 1984 年版。
[17] （清）曹雪芹：《红楼梦》，人民文学出版社 1982 年版。
[18] （明）徐沁：《明画录》，于玉安编：《中国历代画史汇编》第 3 册，天津古籍出版社 1963 年版。

[论著]

[1] 陈从周：《园林谈丛》，上海文化出版社 1980 年版。
[2] 陈从周：《说园》，同济大学出版社 2000 年版。
[3] 陈从周：《中国园林鉴赏辞典》，华东师范大学出版社 2001 年版。
[4] 陈从周：《园综》，同济大学出版社 2004 年版。
[5] 陈平原，王德威，商伟：《晚明与晚清：历史传承与文化创新》，湖北教育出版社 2002 年版。
[6] 陈植：《陈植造园文集》，中国建筑工业出版社 1988 年版。
[7] 冯友兰：《中国哲学简史》，北京大学出版社 1998 年版。
[8] 冯钟平：《中国园林建筑》，清华大学出版社 2000 年版。
[9] 季羡林：《人文地理学与天人合一思想》，科学出版社 1999 年版。
[10] 金学智：《中国园林美学》，中国建筑工业出版社 2000 年版。
[11] 姜绍书：《无声诗史》，载于玉安编：《中国历代画史汇编第 2 册》，天津古籍出版社。
[12] 蓝先琳：《中国古典园林大观》，天津大学出版社 2002 年版。
[13] 李峰，张焯主编：《〈明实录〉大同史料汇编》，北京燕山出版社 1999 年版。
[14] 李泽厚：《美的历程》，文物出版社 1981 年版。
[15] 梁启凡：《家具造型设计》，辽宁科学技术出版社 1985 年版。
[16] 刘敦桢：《中国古代建筑史》，中国建筑工业出版社 2001 年版。
[17] 刘敦祯：《苏州古典园林》，中国建筑工业出版社 2005 年版。

[18] 刘纲纪：《传统文化、哲学与美学》，广西师范大学出版社 1997 年版。
[19] 娄曾泉，颜章炮：《明朝史话》，北京出版社 1984 年版。
[20] 罗哲文，王振复主编：《中国建筑文化大观》，北京大学出版社 2001 年版。
[21] 孟森：《明史讲义》，上海古籍出版社 2002 年版。
[22] 潘谷西：《江南理景艺术》，东南大学出版社 2001 年版。
[23] 彭一刚：《中国古典园林分析》，中国建筑工业出版社 2002 年版。
[24] 彭蕴灿：《历代画史汇传》，卢辅圣：《中国书画全书》，上海书画出版社 1993 年。
[25] 蒲震元：《中国艺术意境论》，北京大学出版社 1999 年版。
[26] 孙晓翔：《生境画境意境》，载《中国园林艺术概观》，江苏人民出版社 1987 年版。
[27] 沈复：《闲情记趣》，浮生六记：卷 2，江西人民出版社 1981 年版。
[28] 苏州园林设计院：《苏州园林》，中国建筑工业出版社 1999 年版。
[29] 汤纲，南炳文：《明史》，上海人民出版社 1981 年版。
[30] 童寯：《江南园林记》，中国建筑工业出版社 1984 年版。
[31] 王毅：《园林与中国文化》，上海人民出版社 1995 年版。
[32] 王振复：《中国建筑的文化历程》，上海人民出版社 2000 年版。
[33] 魏士衡：《中国自然美学思想探源》，中国城市出版社 1994 年版。
[34] 魏士衡：《“园冶”研究—兼探中国园林美学本质》，中国建筑工业出版社 1997 年版。
[35] 吴仁安：《明清江南望族与社会经济文化》，上海人民出版社 2001 年版。
[36] 吴中杰：《中国古代审美文化论》，上海古籍出版社 2003 年版。
[37] 徐复观：《中国艺术精神》，广西师范大学出版社 2007 年版。

[38] 徐有贞：《南园记．武功集》，商务印书馆影印文渊阁《四库全书》本，第1245册，1986年版。
[39] 张法：《中国美学史》，上海人民出版社2002年版。
[40] 张家骥：《园冶全释》，山西古籍出版社2002年版。
[41] 张家骥：《中国造园论》，山西人民出版社1991年版。
[42] 张家骥：《中国造园史》，山西人民出版社1986年版。
[43] 张彤：《整体地区建筑》，东南大学出版社2003年版。
[44] 张学智：《明代哲学史》，北京大学出版社2000年版。
[45] 赵兴华：《北京园林史话》，中国林业出版社2000年版。
[46] 赵园：《明清之际士大夫研究》，北京大学出版社2000年版。
[47] 郑文：《江南世风的转变与吴门绘画的掘兴》，上海文化出版社2007年版。
[48] 郑克晟：《明清史探实》，中国社会科学出版社2001年版。
[49] 中国建筑史编写组：《中国建筑史》，中国建筑工业出版社1982年版。
[50] 周群：《儒释道与晚明文学思潮》，上海书店出版社2000年版。
[51] 周维权：《中国古典园林》，清华大学出版社2000年版。
[52] 朱光潜：《谈美书简二种》，上海文艺出版社1999年版。
[53] 朱良志：《曲院风荷》，安徽教育出版社2003年版。
[54] 朱铭董，占军：《壶中天地—道与园林》，山东美术出版社1998年版。
[55] 朱偰：《金陵古迹图考》，中华书局2006年版。
[56] 朱偰：《金陵古迹名胜影集》，中华书局2006年版。
[57] 宗白华：《中国园林艺术概观》，江苏人民出版社1987年版。
[58] 宗白华：《美学散步》，上海人民出版社1997年版。
[59] 宗白华：《艺境》，北京大学出版社1997年版。

[论文]

[1] 陈波：《杭州西湖园林植物配置研究》，浙江大学博士学位论文，2006年。
[2] 胡晓宇：《中国江南私家园林与英国自然风景式园林风格比较

初探》，重庆大学硕士学位论文，2007 年。
[3] 龚玲燕：《明代南京私家园林研究》，上海师范大学硕士学位论文，2008 年。
[4] 侯涛：《浅论江南文人园林布局与意境营造》，华中农业大学硕士学位论文，2007 年。
[5] 李茁孜：《借景论—兼探讨王维、王维的诗和王维的惘川别业》，北京林业大学硕士学位论文，1999 年。
[6] 李韫：《计成〈园冶〉的美学阐释》，山东师范大学硕士学位论文，2009 年。
[7] 刘彤彤：《问渠那得清如许，为有源头活水来—中国古典园林的儒学基因及其影响下的清代皇家园林》，天津大学博士学位论文，1999 年。
[8] 刘新静：《上海地区明代私家园林》，上海师范大学硕士学位论文，2003 年。
[9] 孟兆祯：《中国古典园林与传统哲理》，载《林史研究》第一辑，1990 年。
[10] 秦岩：《中国园林建筑设计传统理法与继承研究》，北京林业大学博士学位论文，2009 年。
[11] 孙伟科：《〈红楼梦〉美学阐释》，中国艺术研究院，2007 年。
[12] 滕云：《十八世纪中国古典园林与欧洲古典园林比照研究》，沈阳农业大学博士学位论文，2009 年。
[13] 王亚军：《生态园林城市规划研究》，南京林业大学博士学位论文，2007 年。
[14] 汪洋：《〈红楼梦〉中的古典园林艺术》，南京林业大学硕士学位论文，2008 年。
[15] 王湘昀：《中国传统园林意境结构对现代景观环境设计的启示》，湖南大学硕士学位论文，2006 年。
[16] 王竞红：《园林植物景观评价体系研究》，东北林业大学博士学位论文，2008 年。
[17] 魏菲宇：《中国园林置石掇山设计理法论》，北京林业大学博

士学位论文，2009 年。
[18] 吴晓明：《明代中后期园林题材绘画的研究》，中央美术学院博士学位论文，2004 年。
[19] 许先升：《因境成景　景到随机—中国传统园林建筑造景理法研究》，北京林业大学博士学位论文，2003 年。
[20] 薛晓飞：《论中国风景园林设计“借景”理法》，北京林业大学博士学位论文，2007 年。
[21] 赵熙春：《明代园林研究》，天津大学硕士学位论文，2003 年。
[22] 赵汇鑫：《探讨自然意境在室内设计中的营造》，载《中国建筑学会室内设计分会 2006 年会暨国际学术交流会论文集》，2006 年。
[23] 赵晓峰：《禅与清代皇家园林——兼论中国古典园林艺术的禅学渊涵》，天津大学博士学位论文，2003 年。
[24] 张晓燕：《中国传统风景园林廊设计理法研究》，北京林业大学博士学位论文，2008 年。
[25] 朱振海：《魏晋南北朝时期士人园林的兴起及其美学意义》，武汉大学硕士学位论文，2000 年。
[26] 庄岳：《数典宁须述古则，行时偶以志今游—清代皇家园林创作的解释学意象探析》，天津大学硕士学位论，2000 年。
[27] 曾洪立：《风景园林规划设计的精髓—“景以境出，因借体宜”》，北京林业大学博士学位论文，2009 年。
[28] 周武忠：《理想家园》，南京艺术学院博士学位论文，2001 年。

[期刊]

[1] 曹林娣：《明代苏州文人园解读》，载《苏州大学学报（哲学社会科学版）》2006 年第 3 期。
[2] 曹宁，胡海燕：《论明清江南园林之装饰艺术与时代人文思想》，载《西北大学学报（哲学社会科学版）》2007 年第 2 期。
[3] 曹汛：《略论我国古代园林叠山艺术的发展演变》，载《建筑

历史与理论》，1980 年第 1 辑。
[4] 陈永生，吴诗华，刘泉：《曹雪芹及其古典园林艺术杰作——大观园》，载《合肥工业大学学报（社会科学版）》2005 年第 2 期。
[5] 车永强：《意境—世界共通的美学范畴》，载《武汉大学学报（人文科学版）》2007 年第 2 期。
[6] 邓庆，坦高峰，张涛：《走出风格流派误区，树立可持续发展观——当代西方建筑思潮的理性思考》，载《建筑设计与城市文化建设高峰论坛论文集》2008 年。
[7] 封云：《亭台楼阁——古典园林的建筑之美》，载《华中建筑》1998 年第 3 期。
[8] 傅凯：《室内设计的艺术意境营造》，载《美术观察》2004 年。
[9] 高丰：《我国古代几部重要的设计典籍》，载《美术观察》2004 年第 3 期。
[10] 戈静，祁嘉华：《文人园林的诗意之美》，载《美与时代：下半月》2009 年第 1 期。
[11] 顾蓓蓓：《中国古代园林的美与哲理》，载《规划师》2004 年第 1 期。
[12] 郭承波：《论室内环境设计意境的创造》，载《艺术百家》2006 年第 3 期。
[13] 侯佳彤：《明清私家园林的人文情怀》，载《文艺评论》2009 年第 3 期。
[14] 何刚：《由〈长物志〉谈我国古代建筑设计思想》，载《中州建设》2006 年。
[15] 胡悦，樊国盛，魏开云：《林黛玉性格与潇湘馆室外环境的园林意境研究》，载《农业科技与信息（现代园林）》，2006 年第 11 期。
[16] 焦洋：《文人园林的“中国情感”》，载《南方建筑》2006 年第 1 期。
[17] 蒋小兮，陶振民：《中国古代建筑美学中所蕴含的传统文

化》，载《武汉城市建设学院学报》1995年第4期。

[18] 李全生：《布迪厄场域理论简析》，载《烟台大学学报（哲学社会科学版）》2005年第2期。

[19] 李效军，陈翔：《可持续的生态建筑设计》，载《建筑学报》2001年第5期。

[20] 林珏：《中国文人园林的发展》，载《园林》2006年第1期。

[21] 刘显波：《〈长物志〉中的明代家具陈设艺术》，载《中华建设》2007年第9期。

[22] 娄曾泉：《颜章炮》，载《明朝史话》北京出版社1984年版。

[23] 马琪，李坚：《从〈红楼梦〉的大观园中感悟中国园林美学》，载《云南建筑》2007年第5期。

[24] 孟兆祯：《中国风景园林的特色》，载《广东园林》2006年第1期。

[25] 孟兆祯：《“从来多古意可以赋新诗”中国风景园林设计理法》，载《风景园林》2005年第2期。

[26] 聂春华：《诗意空间的权利经纬——布迪厄场域理论在中国古典文人园林中的运用》，载《暨南学报（哲学社会科学版）》2007年第128期。

[27] 蒲震元：《萧萧数叶满堂风雨——试论虚实相生与意境的构成》，载《文艺研究》1983年第1期。

[28] 秦东：《室内环境设计艺术论》，载《装饰》2005年第6期。

[29] 任欣，王大志：《现代城市环境中的传统园林空间营造——易园空间形态构成与意境解析》，载《四川建筑》2006年第2期。

[30] 石秀明，俞慧珍：《江苏文人写意山水园林的花木配置》，载《中国园林》2001年第6期。

[31] 寿劲秋，叶苹，赵飞鹤：《中国古典园林意境的暗示手法》，载《河南科技大学学报（社会科学版）》2004年第4期。

[32] 孙筱祥：《中国山水画论中有关园林布局理论的探讨》，载《园艺学报》1964年第2期。

[33] 汪菊渊：《苏州明清宅园风格的分析》，载《园艺学报》1963年第2期。
[34] 石秀明，俞慧珍：《江苏文人写意山水园林的花木配置》，载《中国园林》2001年第6期。
[35] 谭德晶：《意境新论》，载《文艺研究》1993年第6期。
[36] 汤士东：《浅谈意境在景观设计中的运》，载《山西建筑》2007年第21期。
[37] 童赛玲：《明末清初江南园林的发展及其美学思想》，载《新美术》1994年第4期。
[38] 王瑛：《对当代建筑全球化的几点思考》，载《新建筑》2001年第5期。
[39] 王钰锋：《浅析我国传统室内设计的意象之美》，载《艺术教育》2008年第1期。
[40] 王永厚：《文震亨及其〈长物志〉评介》，载《中国农业科学院科技文献信息中心》1992年第47期。
[41] 王乾宏，弓弼，刘建军：《浅论中国古典园林生态观》，载《西北林学院学报》2007年第3期。
[42] 王一帆：《禅学与晚明清言》，河北师范大学硕士学位论文2007年。
[43] 王晋韬：《论明清园林叠山与绘画的关系》，载《建筑历史》2008年。
[44] 吴学锋：《文人画对中国古典园林设计艺术思想的影响》，载《浙江林学院学报》2005年第2期。
[45] 吴晓枫：《现代与历史相遇的诗性审美空间——解读中国古典园林的永恒魅力》，载《河北科技大学学报（社会科学版）》2007年第3期。
[46] 吴剑：《浅谈委婉含蓄》，载《现代语文研究（下旬）：语文研究》2007年第10期。
[47] 夏咸淳：《小中翻奇的空间艺术——明代园林美学片论》，载《文学理论研究》2009年第3期。

[48] 谢彩云：《中国古典文人园林艺术的产生与发展》，载《2008年（第十届）中国科协年会》2008年。
[49] 徐千里：《全球化与地域性——一个“现代性”问题》，载《建筑师》2004年第3期。
[50] 许悦，丁山：《现代园林意境的营造研究》，载《安徽农业科学》2009年第14期。
[51] 许兴海：《论室内的意境设计》，载《安徽工业大学学报（社会科学版）》2005年第6期。
[52] 闫厚武，潘世玲：《浅析中国古典园林意境的营造方法》，载《南京工程学院学报（社会科学版）》2006年第1期。
[53] 杨鸿勋：《中国古典园林的基本理念：人为环境和自然环境的融合》，载《风景园林》2006年第6期。
[54] 易涵：《建筑形式全球化的探讨》，载《建材世界》2009年第4期。
[55] 张劲农：《文人园林与山水情怀》，载《广东园林》2007年第6期。
[56] 张燕：《〈长物志〉的审美思想及其成因》，载《文艺研究》1998年第6期。
[57] 张燕：《论中国造物艺术中的天人合一哲学》，载《文艺研究》2003年第6期。
[58] 张雪：《〈长物志〉中的艺术设计思想》，载《中国科技》2008年第19期。
[59] 张盛梅，孙健，李建桥：《礼制文化与中国古代建筑》，载《科技创新导报》2008年第21期。
[60] 赵春光：《中国传统室内设计的设计美学》，载《浙江工艺美术》2007年第2期。
[61] 周虹冰，欧阳雪梅：《大观园的造园艺术解读》，载《重庆建筑大学学报》2005年第4期。
[62] 邹敏：《中国古典园林花木美景的欣赏和塑造》，载《南方建筑》2004年第3期。

2. 外文文献

[译著]

[1] [美] 查尔斯·莫尔等著，李斯译：《风景——诗化般的园艺为人类再造乐园》，光明日报出版社 2000 年版。

[2] [日] 冈大路著，常流生译：《中国宫苑园林史考》，农业出版社 1988 年版。

[3] [德] 黑格尔著，朱光潜译：《美学》（第三卷上册），商务印书馆 1979 年版。

[4] [美] 肯尼斯·弗兰姆普敦著，王骏阳译：《建构文化研究》，中国建筑工业出版社 2007 年版。

[5] [挪] 诺伯格·舒尔茨著，施植明译：《场所精神——迈向建筑现象学》，田园城市文化事业有限公司 1995 年版。

[6] [法] 皮埃尔·布迪厄，（美）华康德著：《实践与反思：反思社会学导引》，中央编译出版社 1998 年版。

[7] [美] P. K. 博克著，余兴安译：《多元文化与社会进步》，辽宁人民出版社 1998 年版。

[8] [英] 彼德·琼斯著，裘小龙译：《意象派诗选》，漓江出版社 1989 年版。

[9] [德] 叔本华：《作为意志和表象的世界》，商务印书馆 1982 年版。

[10] [英] 约翰·汤姆林著，郭英剑译：《全球化与文化》，南京大学出版社 2002 年版。

[11] [日] 针之谷钟吉著，邹洪灿译：《西方造园变迁史——从伊甸园到天然公园》，中国建筑工业出版社 1991 年版。

[原著]

[1] Abraham H. Maslow. Motivation and Personality [M]. 影印本. 北京：中国社会科学出版社，1999.

[2] Charles W. Moore, William J. MIT Chell, William Turnbull, Jr.. The Poeties of Gardens [M], MIT Press, 1997.

[3] Craig Clunas. Superfluous Things: Material Culture and Social Status in Early Modern China. Cambridge: Polity Press, 1991.

[4] Craig Clunas. Fruitful Sites: Garden Culture in Ming Dynasty China. Durham [M]. N. C.: Duke University Press, 1996.

[5] Dusan Ogrin. The Word Heritage of Gardens. Thames and Hudson, 1993.

[6] Geoffrey Jellicoe. The Landscape of Civilization. Garden · Art · Press, 1989.

[7] Gregory Bargess. Towards an ecology of culture. A+U. 1997 (5): 100-105.

[8] Hardie, Alison. Chinese garden design in the later Ming Dynasty and its relation to aesthetic theory [D]. University of Sussex, 2001.

[9] James Wines. Architecture Highlights. Durnontmonte, 2001.

[10] Jay M. stein, Icent F. Sprelcelmeye. Classic Readings in Arehitecture. The McGram-Hill Companies inc, 1999.

[11] Jeff Dick. Blending with Nature: Classical Chinese Gardens in the Suzhou Style. The Booklist, 2004, 100 (17): 1565.

[12] 肯尼斯·J·哈蒙德，聂春华. Urban Gardens in the South of the Yangzi River During the Ming Dynasty——From the Perspective of Wang Shizhen's Prose [J]. Journal of Hengyang Normal University, 2007.

[13] L. D. Wacquant, Towards a Reflexive Sociology: A Workshop with Pierre Bourdieu [J], Sociological Theory, Vol. 7, 1989.

[14] Liangyan Ge. The mythic stone in Honglou meng and an intertext of Ming-Qing fiction criticism. The Journal of Asian Studies. Ann Arbor, 2002, 61 (1): 57-83.

[15] Mark S Ferrara. True Matters Concealed: Utopia, Desire, and Enlightenment in Honglou meng. Mosaic: a Journal for the Interdisciplinary Study of Literature. Winnipeg, 2005, 38 (4): 191-205.

[16] Matthew Potteiger, Jamie Purinton. Landscape Narratives: Design Practices for Telling Stories. Chichester : John Wiley, 1998.

[17] Naomi Stungo. Wood-new Directions In Design and Architecture. Chronicle, 2001.

[18] Patrick Whiteley. Enchanted by a classic tale of woe. China Daily (North American ed.) . New York, 2007: 20.

[19] P. Bourdieu, L. D. Wacquant. An Invitation to Reflexive Sociology. The University of Chicago Press, 1992. [11] Ronald Gray. In search of CAO Xueqin's Beijing. Beijing Review. Beijing, 2004, 47 (36): 48.

[20] Smith, Joanna F Handlin. Gardens in Ch'i Piao Chia's Social World—Wealth and Vlaues in Late-Ming Kiangnan [J]. The Journal of Asian Studies, 1992.

[21] Wen Yi. Clan histories flourish anew in novel form. China Daily. (North American ed.) . New York, 1995: 9. 2.